新时代网络能力提升

研 究 丛 书

网络安全保障能力研究

主编　张传新　姜文华

副主编　袁卫平　程姣　孙菲阳

人民邮电出版社

北京

图书在版编目（CIP）数据

网络安全保障能力研究 / 张传新，姜文华主编. --
北京：人民邮电出版社，2020.10
（新时代网络能力提升研究丛书）
ISBN 978-7-115-54211-3

Ⅰ．①网… Ⅱ．①张… ②姜… Ⅲ．①计算机网络－
网络安全－研究 Ⅳ．①TP393.08

中国版本图书馆CIP数据核字(2020)第109074号

内 容 提 要

  本书介绍了网络安全的基础知识，力求系统全面地阐述网络安全领域的相关内容和内涵；着眼于网络安全技术、人才、产业、政策、实践等多个角度，分析了我国的网络安全总体态势及面临的突出问题；总结了网络空间国际竞争合作的态势，以及国外网络安全工作的经验和做法；系统地阐述了提高网络安全保障能力的背景、意义及能力建设问题。

  本书以提高网络安全保障能力为出发点，立足于国内和国外、理论和实践等不同层面，有助于启发读者结合自身需求，不断深化拓展对网络安全及相关工作的理解，提高对网络安全保障能力的科学认知。本书可供广大党员干部和互联网从业人员参考借鉴。

◆ 主　　编　张传新　姜文华

　　副 主 编　袁卫平　程　姣　孙菲阳

　　责任编辑　韦　毅

　　责任印制　李　东　陈　犇

◆ 人民邮电出版社出版发行　　北京市丰台区成寿寺路 11 号
　　邮编　100164　　电子邮件　315@ptpress.com.cn
　　网址　https://www.ptpress.com.cn
　　大厂回族自治县聚鑫印刷有限责任公司印刷

◆ 开本：700×1000　1/16
　　印张：13.75　　　　　　　　　2020 年 10 月第 1 版
　　字数：135 千字　　　　　　　2020 年 10 月河北第 1 次印刷

定价：49.00 元

读者服务热线：(010)81055552　印装质量热线：(010)81055316
反盗版热线：(010)81055315
广告经营许可证：京东市监广登字 20170147 号

新时代网络能力提升研究丛书
编 委 会

作为 20 世纪人类最伟大的科技发明之一，互联网及其应用的出现极大地改变了人类的生产生活方式。一个巨大而共通的网络信息空间拉平了世界，万物互联的愿景已呈现在人类面前。

风云激荡，斗转星移，信息的流动与人类文明的流转命运相连。如果说文字的出现使人类告别了蒙昧和野蛮，迎来了开化与文明，那么互联网的发明则把人类社会分成了"网前"和"网后"两个时代。伴随着以互联网为代表的技术革新，人类社会进入了一个开放共享的全新纪元，中国也翻开了高速发展、科学发展和创新发展的崭新诗篇。

中国特色社会主义进入新时代，党和国家各项事业站在新的历史起点上，各级党政领导班子和领导干部必须不断提高适应新时代中国特色社会主义发展要求的能力。中共中央办公厅印发的《2019—2023 年全国党政领导班子建设规划纲要》提出，实施"干部专业化能力提升计划"，提升专业能力，弘扬专业精神，推动形成又博又专、推陈出新的素养结构，使领导干部成为精通业务的内行领导，使领导班子专业素养整体适应地方发展需要、单位核心职能。在网络信息时代，网络能力和网络素养成为各级党政领导班子和领导干部专业能力及专业素养的重要方面和重要内容，必须不断强化与大力提升。

党的十八大以来，习近平总书记站在人类历史发展的角度和中国特色社会主义事业全局的高度，多次就党员干部学习和运用互联网作出重要论述，强调推进网络强国建设，推动我国网信事业发展，让互联网更好造福国家和人民。2018年4月，习近平总书记在全国网络安全和信息化工作会议上指出，各级领导干部特别是高级干部要主动适应信息化要求、强化互联网思维，不断提高对互联网规律的把握能力、对网络舆论的引导能力、对信息化发展的驾驭能力、对网络安全的保障能力。

以上提及的"四个能力"从"学习互联网""认识互联网""使用互联网""保障互联网"四个维度出发，它们彼此之间相互契合，又各自包含对党员干部网络素养的不同要求。在学习和认识互联网方面，要求党员干部了解互联网的技术特征以及互联网在当前发展阶段的社会意义，将充分认识互联网作为开展工作的前提，让对互联网规律的把握能力与对网络舆论的引导能力相辅相成。在使用和保障互联网方面，要求党员干部积极拥抱信息化发展带来的技术升级和思维革新，紧紧抓住历史机遇，让对信息化发展的驾驭能力与对网络安全的保障能力的提升齐头并进。"四个能力"是紧密联系、相互促进的有机整体，对网络信息时代党员干部学网、懂网、用网提出了新要求，指明了新方向。

一项伟大的事业不可能一蹴而就，需要我们不断强化学习积累，更新知识储备，跟踪前沿趋势，提升能力素养。为帮助党员干部更好地学习和运用互联网，我们组织编写了这套"新时代网络能力提升研究丛书"。这套丛书紧扣习近平总书记提出的各级领导干部特别是高级干部要不断提高的"四个能力"进行研究，共分 4 册，分别为《互联网规律把握能力研究》《网络舆论引导能力研究》《信息化发展驾驭能力研究》《网络安全保障能力研究》，各分册既可单独阅读，又互为印证补充。丛书面向党员和各级领导干部，也适合互联网从业人员参考借鉴。

我们期待这套丛书能够助力党员干部提升网络能力、培养网络素养，赋能互联网行业的发展，为网络强国建设添砖加瓦，为推进我国的现代化进程发挥应有的作用。

前　言

20^{18 年 4 月}，习近平总书记在全国网络安全和信息化工作会议上指出，各级领导干部特别是高级干部要主动适应信息化要求、强化互联网思维，不断提高对互联网规律的把握能力、对网络舆论的引导能力、对信息化发展的驾驭能力、对网络安全的保障能力。这"四个能力"是习近平总书记对互联网时代下的各级领导干部提出的明确要求，是各级党员干部开展工作的必备素质、必需技能。网络安全保障能力作为其中的重要部分，尤其具有特殊的作用和意义。

在这次会议上，习近平总书记指出，没有网络安全就没有国家安全，就没有经济社会稳定运行，广大人民群众利益也难以得到保障。随着互联网的高速发展，网络安全对一个国家、一个民族、一个社会的重要性已上升到前所未有的高度，它已成为影响经济社会发展、国家安全稳定的全局性、战略性问题。一方面，互联网深刻改变了传统的信息传播格局，其社会动员能力和舆论影响能力日益增强，它已成为思想文化的集散地和意识形态的较量场。当前，互联网的政治属性愈加显现，政治功能愈加突出。另一方面，网络与社会各领域的深度融合，使得网络攻击对象更加广泛、攻击手段更加多样，网络犯罪、信息泄露等安全事件频发。网络安全风险呈现既泛化又集中化的特点和趋势。关键信息基础设施、网络大数据等核心领域与资源日益成为网络安全的关键环节、重要关口。5G、人工智能、物联网、虚拟现实等新兴信息技术成为网络安全新领域。与此同时，网络空间成为国家间竞争合作的新高地，网络空间政治化、军事化、集团化趋势明显。

面对严峻复杂的网络安全形势，党的十八大以来，以习近平同志为核心的党中央高瞻远瞩，高度重视网络安全工作，以前所未有的力度和气魄大力推动网络安全工作：形成习近平总书记关于网络强国的重要思想，成立中央网络安全和信息化领导小组，后改为中央网络安全和信息化委员会；制定并实施了《中华人民共和国网络安全法》（以下简称《网络安全法》）等一系列网络安全法律制度，发布了《国家网络空间安全战略》《网络空间国际合作战略》等一系列重大战略规划；持续加强网络安全保障能力建设，重拳整治网络空间乱象；坚持依法管网与综合治理并举，构建起法律规范、行政监督、行业自律、技术保障、公众监督和社会教育相结合，多措并举、多方参与的网络安全保障体系，网络空间日益清朗。

在看到成绩和进步的同时，我们更应清醒地认识到，我国的网络安全工作还存在着很多的问题和不足，我国的网络安全保障能力还无法完全适应经济社会发展的需要。特别是，网络对我国社会的影响正变得日益深刻和广泛，网络安全的内涵与范畴愈来愈多元和易变。我国的网络安全事业肩负着为中华民族伟大复兴保驾护航的历史使命，必将面临越来越大的压力和挑战。我们的各级领导干部作为网络安全工作的规划者、引领者，在如何做好网络安全工作方面，还存在着不同程度的认识不足、本领恐慌、手段缺乏等诸多问题，网络安全保障能力需要持续提升。

可以说，如何加强网络空间治理、提升网络安全保障能力，已成为各级党委、政府和领导干部面临的重要而紧迫的课题。本书以提高党员干部网络安全保障能力为出发点和着眼点，系统全面地阐述网络安全领域的相关内容，涵盖技术、政策、实践等方面。全书的整体思路是：先介绍网络安全的基础知识、基本内涵；随后将目光放到我国的网络安全态势上，总结分析我国网络安全的总体情况和重要领域；同时，放眼全球，分析探讨网络空间国际竞争合作的态势，总结各国在网络安全建设方面的实践经验；最后，聚焦主题，系统地阐述党员干部如何提高网络安全保障能力。本书力求既有理论阐述，又有实践案例；既有一定的科普性、易懂性，又有一定的深度和见地；既贴近当前情况，又有一定的前瞻性、预见性。本书力求成为面向党员干部的可供学习、可启思考、可兹借鉴的案头读物。

目录

第二章　我国网络安全态势

第三章　网络空间国际治理

第四章　不断提高网络安全保障能力

第一章

网络安全概述

一、网络安全的基本内涵

二、网络安全分类

三、新技术新应用带来的新挑战

互联网对人类历史的发展意义重大，21 世纪的人类已经离不开互联网。互联网发展至今，已经成为人类发展与进步不可或缺的基础设施之一，关系着政治、经济、文化、社会、军事等诸多领域的变革与发展。1994 年 4 月 20 日，我国全功能接入了国际互联网。在此后 20 多年的时间里，我国的互联网快速发展。然而，发展与挑战并存。互联网在为人类社会发展贡献卓越力量的同时，也带来了安全问题。2014 年 2 月，在中央网络安全和信息化领导小组第一次会议上，习近平总书记指出，"没有网络安全就没有国家安全，没有信息化就没有现代化"。网络安全问题已经成为关系国家安全及经济社会发展的重要问题，亟须引起高度关注与重视。

一、网络安全的基本内涵

党的十九大报告指出，"国家安全是安邦定国的重要基石，维护国家安全是全国各族人民根本利益所在"。网络安全是国家安全的关键一环。对于个人而言，重视网络安全将有助于避免由于遭受网络安全问题而导致的个人财产损失甚至生命安全威胁；对于社会而言，重视网络安全有助于降低发生重大网络安全事件的概率，维护社会和谐有序；对于国家而言，重视网络安全有助于在国际网络空间竞争中占据主动地位，维护国家安全稳定。因此，加强网络安全教育、增强网络安全意识应当成为全社会的共识。在这当中，学习和了解网络安全的基本内涵是基本功和"敲门砖"。

（一）互联网的沿革与特点

网络安全问题是与互联网的发展相生相伴的，可以说，有互联网的地方就有可能出现网络安全问题。因此，了解互联网的起源、发展与特点有助于人们更好地理解网络安全问题。

1. 互联网的起源

20 世纪中叶，美国组建了高级研究计划局（Advanced Research Projects Agency，ARPA），即现在的美国国防高级研究计划局（Defense Advanced Research Projects Agency，DARPA）的前身。1968 年，ARPA 计划开发一个能够与欧洲各国连接起来的计算机网络系统。在这种需求下，ARPA 于 1969 年建立了一个实验性网络 ARPANET。后来，该网络将美国西南部的加利福尼亚大学洛杉矶分校、斯坦福大学研究学院、加利福尼亚大学圣巴巴拉分校和犹他大学的 4 台计算机连接起来。当时的网络传输能力只有 50 kbit/s，相比于现在高速互联网的网速来说是非常低的，但是这一网络却使计算机互联变成现实，它是第一个简单的纯文字系统的互联网，具有划时代意义。从 1970 年开始，加入 ARPANET 的节点数不断增加。1972 年，ARPANET 在首届国际计算机通信大会上首次与公众见面，并验证了分组交换技术[注1]的可行性。由此，ARPANET 成为现代计算机网络诞生的标志[1]。

互联网诞生后，TCP/IP[注2]的出现使互联网迅速发展起来。

1974 年，罗伯特·卡恩和温顿·瑟夫共同研究出了一种新的网络协议 TCP/IP，即传输控制协议 / 互联网协议。该协议能够使网络上连接的所有计算机之间实现互相通信。最初的计算机网络是给计算机专家、工程师和科学家使用的，那时还没有家庭和办公计算机网络，且计算机网络系统非常复杂，普通民众无法使用。TCP/IP 的出现及发展，使互联网在 20 世纪 70 年代迅速发展起来。

万维网和浏览器的发明则使互联网逐渐成为"接地气"的高科技应用。1989 年，欧洲粒子物理研究所提出了万维网（World Wide Web，WWW）的概念，为推动互联网走入千家万户提供了技术支持。WWW 服务是目前应用最广的一种基本互联网应用，我们每天上网都要用到这种服务。通过 WWW，网民可以从本地获取世界上任何地方的信息。1990 年，第一个网页浏览器诞生，让用户可以浏览互联网上的信息，此浏览器后改名为 Nexus。1993 年，位于伊利诺伊大学厄巴纳 - 香槟分校的美国国家超级计算应用中心（National Center for Supercomputing Applications，NCSA）开发出了图片浏览器——Mosaic 浏览器。该浏览器是一个可以显示图片的浏览器，因为具有实用性、直观性及便捷性，它得以在公众中流行。万维网和浏览器这两大技术的发明使互联网从特定领域走向商业和大众，从此互联网进入快速发展时代。

2. 我国互联网的发展历程

我国互联网的发展与欧美互联网的发展相比晚了许多。对于普通老百姓来说，互联网好像是突然就来到我们的身边。许多老百姓刚刚接触互联网时，便可以使用浏览器上网，使用电子邮箱发送邮件，使用办公软件编辑文档。我国已经发展成为互联网大国，上网人数多，联网范围广，那么互联网到底是如何进入我国的呢？

1987 年 9 月，中国学术网（Chinese Academic Network，CANET）在北京计算机应用技术研究所内正式建成我国第一个国际互联网电子邮件节点，并于 9 月 14 日发出了我国第一封电子邮件："Across the Great Wall we can reach every corner in the world（越过长城，走向世界）"[2]。这一封邮件作为我国互联网的"开山之笔"，揭开了中国人使用互联网的序幕。1994 年 4 月 20 日，中国国家计算机和网络设施（National Computing and Networking Facility of China，NCFC）通过美国 Sprint 公司接入国际互联网的 64K 国际专线开通，标志着我国正式全功能接入国际互联网。从此，我国被国际上正式承认为第 77 个真正拥有全功能互联网的国家。1994 年 5 月 21 日，在钱天白教授和德国卡尔斯鲁厄大学维纳·措恩教授的协助下，我国完成国家顶级域名（.CN）的注册，运行了中国自己的域名服务器。之后不久，我国在 NCFC 的主干网架设了主服务器，改变了我国的顶级域名服务器一直在国外运行的现状。我国正式接入国际互联网后，中国科技网（China Science and Technology Network，CSTNET）、中国公用计算机互联网（ChinaNet）、中国教育和科研计算机网（China Education and Research Network，CERNET）、中国金桥信息网（China Golden Bridge Network，ChinaGBN）等四大骨干网相继展开建设，我国互联网迈开了发展的步伐。

从 1997 年开始，我国互联网开始进入高速发展阶段。中国互联网络信息中心（China Internet Network Information Center，CNNIC）注3 发布的统计报告显示，1997 年至 2001 年期间，我国互联网用户数基本保持每半年翻一番的增长速度 [1]。在此期间，我国有大批的年轻人参与互联网创业，互联网企业如雨后春笋般出现。网易、搜狐、腾讯、新浪、百度等国内互联网公司纷纷抢占互联网高地，推出的免费邮箱、新闻资讯、即时通信等应用被人们广泛使用。2000 年，新浪、网易、搜狐等门户网站在纳斯达克上市，我国互联网发展的春天到来。然而受美国互联网泡沫破灭的影响，2000 年至 2002 年，我国有大量的互联网公司因投资失败被并购或关门，我国互联网的发展经历了短暂的回落期。2002 年以后，我国互联网再次迎来高速发展。互联网发展呈现百花齐放的格局，电子商务、网络游戏、社交媒体、视频网站等新型互联网应用不断出现。2008 年 6 月，我国网民数量达到 2.53 亿人，首次超过美国，我国成为世界上网民数量最多的国家。

移动互联网的兴起及发展改变了我国互联网的发展格局。2000 年 12 月，中国移动正式推出移动互联网业务品牌"移动梦网"。通过移动梦网平台，用户可以用手机上网。2009 年，我国开始大规模部署 3G 网络，实现了移动通信基础设施的升级换代，为移动互联网的大规模普及奠定了网络基础。也是从 2009 年开始，在电信运营商的强力推广下，智能手机开始在我国普及，越来越多的网民开始使用手机上网。根据 CNNIC 发布的统计报告，2012 年，手机首次超越台式计算机成为第一大上网终端。

随着互联网对国家、社会和人民生活产生的影响越来越大，我国开始将互联网发展上升到国家战略高度。2015 年 3 月 5 日，在第十二届全国人民代表大会第三次会议上，国务院总理李克强在政府工作报告中提出，"制定'互联网+'行动计划，推动移动互联网、云计算、大数据、物联网等与现代制造业结合，促进电子商务、工业互联网和互联网金融健康发展，引导互联网企业拓展国际市场"。2015 年 7 月 1 日，国务院印发的《关于积极推进"互联网+"行动的指导意见》提出，推动互联网由消费领域向生产领域拓展，加速提升产业发展水平，增强各行业创新能力，构筑经济社会发展新优势和新动能。党的十八届五中全会、"十三五"规划纲要都提出，要坚持创新发展，实施"互联网+"行动计划，发展分享经济，实施国家大数据战略。党的十九大报告提出，"加强应用基础研究，拓展实施国家重大科技项目，突出关键共性技术、前沿引领技术、现代工程技术、颠覆性技术创新，为建设科技强国、质量强国、航天强国、网络强国、交通强国、数字中国、智慧社会提供有力支撑"。

3. 我国互联网历史上的"第一次"

（1）第一家互联网公司

1995 年，张树新在北京创办了瀛海威公司，该公司是国内第一家大型互联网公司。1996 年春，瀛海威公司在中关村竖起了一个硕大的广告牌，上面写着"中国人离信息高速公路有多远——向北 1500 米"。

（2）第一个商业信息发布网站

1995 年，马云夫妇及好友何一兵在杭州创办"中国黄页"，专门给企业做主页，这是我国第一个互联网商业信息发布网站。

（3）教育网第一个 BBS

1994 年 5 月，国家智能计算机研究开发中心（现改名为高性能计算机研究中心）开通曙光电子公告板（Bulletin Board System，BBS），这是我国第一个开放的网络论坛平台。1995 年 8 月初，一个网名为"ACE"的用户为使清华大学内部能有自己的 BBS，在自己实验室的一台运行 Linux 系统的 386 计算机上架设了一个 BBS 软件。1995 年 8 月 8 日，这个 BBS 正式开放，并且定名为"水木清华"。水木清华 BBS 是我国第一个同时在线人数超过 100 的"大型"网站。

（4）第一家网吧

1996 年 5 月，我国第一家网吧"威盖特"在上海开张，上网价格为 40 元/时。1996 年 11 月，北京首都体育馆西门的"实华开网络咖啡屋"开业，成为我国第一家网络咖啡屋。

（5）第一个互联网广告

1997年3月，我国第一个互联网广告诞生。该广告是IBM与英特尔联合出资为AS400（一种计算机系统）制作的宣传广告，被发布在ChinaByte（比特网）上。IBM为这个广告支付了3000美元。这是国内第一个网络广告，开创了我国互联网广告的先河。

（6）第一家互联网上市公司

1999年7月，中华网在美国纳斯达克上市，成为首个赴美上市的中国互联网公司。中华网成立于1999年5月，是我国最早成立的门户网站之一。2000年2月，由于正值互联网历史上最大的泡沫期，中华网股价一度高达220.31美元，市值更一度超过50亿美元。中华网在纳斯达克获得成功后，新浪、网易、搜狐等门户网站也在纳斯达克上市。2011年，中华网投资集团向法院提交破产保护申请。2013年10月，中华网被收购，经过优质资源整合和战略定位调整，中华网发展成为较好的综合性网络媒体。

（7）第一家电子商务网站

1999年5月18日成立的8848网站是我国第一个电子商务网站。1999年11月，英特尔公司总裁克瑞格·贝瑞特访华时，称8848是"中国电子商务领头羊"。2000年2月，美国《时代周刊》称，8848网站是"中国最热门的电子商务站点"[3]。

（8）第一个"政府网"站点

1998 年 7 月 1 日，北京市国家机关在互联网上统一建立的网站群"首都之窗"正式开通，成为我国第一个大规模"政府网"。通过首都之窗，北京市政府可以统一、规范地宣传首都形象，为民众提供政务信息，人们也可通过"市长信箱"等功能直接与市长沟通[4]。

（9）第一个全中文网上搜索引擎

1998 年 2 月 15 日，张朝阳创办的爱特信信息技术有限公司推出了大型分类查询搜索引擎"搜狐"（SOHU），这是我国第一个全中文的网上搜索引擎。从此，搜索引擎成为人们生活、工作和学习不可缺少的平台。

（10）第一个上网的媒体

1995 年 10 月 20 日，《中国贸易报》在互联网上发行，成为我国第一家在互联网上发行的报纸。从此之后，大批国内媒体开始开展互联网业务。

4. 互联网的特点

互联网开放的理念和自身的机制决定了互联网有五大基础属性，即开放性、交互性、全球性、匿名性和快捷性。

开放性是互联网的固有属性，也是最基本的属性。互联网采用的分布式体系架构、TCP/IP 和超文本标识语言等技术，从技术层面决定了互联网各节点之间是平等的，互联网上的各个终端之间可以相互传递信息。这也意味着，任何人都可以从互联网上获取信息，任何个人、组织甚至国家和政府都不能完全控制互联网。

交互性是互联网的强大优势。各类网站可以实时发布信息，网民可以通过互联网自由发表言论，人们可以通过互联网获得自己需要的各类信息，人与人之间也可以通过互联网进行实时的无障碍交流。原本通过信件数天才能获取的信息，通过互联网立刻就可以获取，这使得人们之间的交流更加方便、快捷。

全球性使互联网能够渗透到人类的各个领域和世界的各个角落。全球性也意味着这个网络是属于全人类的，不会被任何个人或国家独占。通过互联网，人们坐在家中即可以获取世界上任何一个角落的信息，实现了全球范围内的信息实时交互。同时，互联网也拉近了人与人之间的距离，世界各地的人们通过网络聚集在了一起。

匿名性是指人们无须表明身份就可以在互联网上任意发表言论，这在很大程度上保障了人们的言论自由。但是随着网络的日益普及，网络匿名性使互联网上谣言、虚假信息、偏激言论等泛滥。部分网民在网络中肆意谩骂、宣泄消极情绪、发表恶意言论，更有不法分子利用互联网的匿名性进行网络犯罪，对人们的日常生活以及社会稳定造成了不利影响。互联网的匿名性易使网民在使用网络的过程中忽略自己的现实身份以及道德、制度约束等社会压力。

快捷性打破了信息传递的时间和空间限制，使信息能够迅速传遍世界各地，大大提高了人们的生活和工作效率，降低了时间成本。网络购物使人们可以在家坐收来自天南海北的商品，移动支付让纸币常年沉寂于钱包，电子邮件使人们可以方便快速地收到远方亲友的信息……特别是移动互联网的普及，使人们可以随时随地、随心所欲地进行沟通联系与工作学习。

（二）网络安全的概念与特征

互联网自诞生以来，在这 50 多年的时间里，已经成为人类社会进步和发展不可缺少的重要基础设施，与此同时，网络安全问题不断显现，这已成为各国政府的重要议题。

1. 网络安全的概念

网络安全的覆盖范围较广，既包括计算机网络的安全，也包括计算机软件、硬件的安全，还包括计算机系统中的数据安全等。对于网络安全的不同方面，有不同的定义和理解。

国际标准化组织（International Organization for Standardization，ISO）对计算机安全给出的定义是：为数据处理系统建立和采取的技术和管理的安全保护，保护计算机硬件、软件、数据不因偶然和恶意的原因而遭到破坏、更改和泄露。

1994 年公布的《中华人民共和国计算机信息系统安全保护条例》规定，计算机信息系统的安全保护，应当保障计算机及其相关的和配套的设备、设施（含网络）的安全，运行环境的安全，保障信息的安全，保障计算机功能的正常发挥，以维护计算机信息系统的安全运行。主要防止信息被非授权泄露、更改、破坏或使信息被非法的系统辨识与控制，确保信息的机密性、完整性、可用性、可控性和可审查性[5]。

我国 2017 年 6 月 1 日起正式实施的《网络安全法》对网络的定义为：由计算机或者其他信息终端及相关设备组成的按照一定的规则和程序对信息进行收集、存储、传输、交换、处理的系统。《网络安全法》对网络安全的定义为：通过采取必要措施，防范对网络的攻击、侵入、干扰、破坏和非法使用以及意外事故，使网络处于稳定可靠运行的状态，以及保障网络数据的完整性、保密性、可用性的能力[6]。

从以上定义可以看出，网络安全的重点在于保护计算机和网络的设备安全、数据安全和运行安全。

2. 网络安全的主要特性

（1）网络安全的基本属性

从技术方面分析，网络安全包括 5 个基本的属性：机密性、完整性、可用性、可控性与不可抵赖性。

机密性又被称为保密性，是指网络信息不被泄露给非授权的用户、实体或过程。网络上的信息可以是国家机密、企业和社会团体或组织的商业和工作秘密，也可以是个人秘密和隐私，如银行账号、身份证号、家庭住址、电子邮件等。

人们最熟悉和最常见的保密措施就是密码保护，如通过网络登录个人网银账号需要输入账号、密码，有时还需输入短信验证码、进行指纹识别或人脸识别。信息窃取是最常见的破坏计算机信息机密性的攻击方式。如 2017 年，美国征信企业 Equifax 的网络遭到黑客攻击，导致 1.43 亿用户的个人信息泄露。

完整性是指信息真实可信，即网络上的信息不会被偶然或蓄意地进行删除、修改、伪造、插入等破坏，保证授权用户得到的信息是真实的。完整性与机密性的区别在于，机密性要求信息不能被泄露给未获得授权的人，而完整性则要求信息不能受到篡改或破坏。网页篡改就是一种破坏网络完整性的攻击手段，是指恶意破坏、更改网页内容，使网站显示黑客插入的非正常网页内容。一些网站因网络安全意识薄弱、网络防护措施不到位等，导致网站页面被攻击篡改成赌博网站或色情网站，造成了不良社会影响。

可用性是指信息资源可被授权实体按要求访问、正常使用或在非正常情况下能恢复使用，即在系统运行时能正确获取信息，在系统受到破坏时可以迅速恢复并投入使用。分布式拒绝服务（Distributed Denial of Service，DDoS）攻击就是一种破坏计算机系统可用性的攻击手段。该攻击方式利用目标系统的网络服务功能缺陷或者直接消耗其系统资源，使得目标系统无法提供正常的服务。通俗一点的解释就是，一家商店具有一定的客流量极限，其竞争对手买通别人，让别人挤在商店中，使真正的购物者无法进入商店进行消费，导致商店经营瘫痪。如 2018 年 1 月，荷兰银行、荷兰合作银行以及荷兰国际银行的互联网银行服务因为遭受 DDoS 攻击，导致系统瘫痪，网络服务业务量下滑。

可控性是指对信息的传播及内容具有一定的控制能力[7]。当网络受到攻击或破坏时，能够为后期调查提供手段或线索。国家或政府管理部门希望对互联网上非法的、不健康的信息进行治理，避免有害信息对国家和社会产生危害，造成损失。近年来，网络谣言及虚假信息已成为互联网世界的公害，很多谣言借助于社交媒体平台迅速蔓延，造成了不良社会影响。针对网络谣言及虚假信息，政府部门和企业建立辟谣平台进行辟谣，或对网络虚假信息进行过滤、屏蔽或拦截等。此外，当网络攻击事件发生后，为了及时追踪网络犯罪分子在互联网上遗留下的痕迹，为警方破案提供依据，需要对互联网的相关活动进行多层次的记录，这体现了网络安全的可控性。

不可抵赖性是指在信息交互过程中，确保参与者的真实同一性，即所有参与者都不能否认或抵赖曾经完成的操作和承诺[8]。传统的信息通信是通过手写签名和加盖印章等方式来实现信息的不可抵赖性。在互联网环境中，可以通过数字证书机制下的数字签名注4和时间戳注5，保证信息的不可抵赖性。信息的不可抵赖性在电子商务中具有非常重要的作用。当电子交易中出现抵赖行为时，信息接收方可以将加了数字签名的信息提供给认证方。由于带有数字签名的信息是发送方通过不可公开的私钥注6生成的，因此该信息无法被伪造。认证方可以使用发送方的公钥注6对接收方提供的信息进行解密，从而判断发送方是否出现抵赖行为[9]。

（2）网络安全的社会特征

除了从以上 5 个技术特征分析网络安全外，还可以从社会层面来展现网络安全的特征。

专业性及复杂性。在有关黑客的影视作品中，黑客高超的计算机技术往往让人目瞪口呆。似乎黑客瞬间就能窃取世界上任何地方的机密信息，甚至轻轻松松对政府、银行、核电站等重要部门和关键基础设施发动攻击。在网络安全事件中，这些对网络进行破坏的人大多受过专业的互联网教育或培训。他们拥有专业的网络技术知识和高超的计算机操作技能，能够发现互联网上存在的漏洞，利用技术手段发起网络攻击，并在攻击时通过一定的技术方法隐藏自己的行踪。网络安全技术的专业性和复杂性使得普通民众无法应对突发的网络攻击事件，并且使得网络安全事件比传统社会安全事件更难被发现与跟踪。

多样性及多变性。一方面，凡是破坏网络安全的机密性、完整性、可用性、可控性与不可抵赖性的行为都属于网络攻击的范畴。针对网络安全的 5 个基本属性的网络攻击方法层出不穷，僵尸网络[注7]、木马病毒[注8]、蠕虫病毒[注9]、漏洞攻击、网页后门程序[注10]、网页篡改、DDoS 攻击等均是常见的网络攻击方式。另一方面，随着网络信息技术的发展以及新型网络技术的不断出现，互联网所涉及的领域也在不断扩大。由此导致引起网络安全事件的途径日益增多，网络攻击手段不断翻新，进一步加剧了网络安全事件类型的多样性及复杂性。

危害性及破坏性。互联网是一把双刃剑，在给人们带来方便与快捷的同时，也带来了网络安全问题。如果不对互联网进行有效的规范与治理，那么网络安全问题将会对现实社会造成严重危害。网络安全事件具有危害性的原因主要有两方面：一方面，互联网在社会中的应用十分广泛，政务、经济、教育、科研、医疗、能源、交通、通信等与人们生产生活密切相关的各领域均有互联网的身影，任何一个地方发生网络安全事件都有可能影响整个网络社会的安全；另一方面，互联网的信息传播速度快、受众面广，一个很小的网络安全事件可能在短时间内快速蔓延，发展为大范围的网络安全事件。互联网是一个"放大器"，在放大便利性的同时，也放大了网络安全事件的危害性、破坏性。

难以预测性及难以溯源性。互联网社会是一个充满符号化、虚拟化以及程序化的系统社会。对普通民众来说，他们往往只能看到互联网最顶层呈现的应用效果及操作界面，对于互联网底层的程序代码和信息符号则难以看懂和理解，这给网络安全问题加了一把让人难以识别的"保护伞"。与此同时，由于计算机系统及网络环境的虚拟性及复杂性，网络安全事件发生的原因多种多样，这也让网络安全事件往往难以预测。对普通民众来说，现实中的很多网络安全事件都是毫无征兆地突然发生，让人措手不及。而且在网络安全事件发生后的较长时间内，通常只能观察到事件造成的结果，而很难确切追踪事件的真正原因与发生过程。

国际性及全球性。互联网拉近了人与人之间的距离，同时也拉近了国与国之间的距离。因此，网络安全也不再是某一国家独有的问题，而是全球性、国际性的问题。网络安全事件单靠某一国家的力量往往难以应对，需要各国相互合作，共同解决网络安全难题。互联网的互联互通也使得网络安全事件具有传导性，由某一地发起的网络攻击经过互联网的传导，有可能发展成为全球性的网络安全事件。对于网络安全问题，国际社会必须达成合作共识，共同应对。

3. 我国网络安全发展史上的"第一"

（1）我国第一部全面规范网络安全的基础性法律

《网络安全法》于 2016 年 11 月 7 日由全国人民代表大会常务委员会正式通过，并于 2017 年 6 月 1 日起正式实施。《网络安全法》是我国第一部全面规范网络空间安全管理方面问题的基础性法律，对促进我国网络空间健康发展具有重要意义[10]。

（2）我国第一起黑客攻击事件

1998 年 6 月 16 日，上海某信息网的工作人员在例行检查时，发现网络遭到"不速之客"的攻击。7 月 13 日，犯罪嫌疑人杨某被逮捕。这是我国第一起计算机黑客事件。经调查，杨某先后侵入网络中的 8 台服务器，破译了大部分工作人员和 500 多个合法用户的账号和密码，其中包括两台服务器上超级用户的账号和密码[11]。

（3）我国第一起利用计算机盗窃银行资金案件

1998年9月22日，某银行计算机系统遭到不法分子侵入，不法分子通过银行计算机系统将72万元注入自己的账户，并提款26万元。这是我国首例利用计算机盗窃银行资金的案件。

（三）保障网络安全的重要意义

由于互联网的快速发展和广泛应用，很多国家已将网络空间视为继领土、领海、领空和太空之后的"第五战略空间"，并将互联网战略上升为国家战略。网络安全是一个关系着国家安全与主权、社会和谐与稳定、民族文化继承与发扬的重要领域。我们应该充分认识到保障网络安全的重要意义，建立维护网络安全的长效机制，营造风清气正的网络空间。

1. 网络安全是总体国家安全观的重要组成部分

党的十八大以来，习近平总书记就网络安全和信息化工作发表了一系列重要讲话，提出了一系列重大论断，为我国建设网络强国、保障网络安全、享受互联网发展红利指明了方向，形成了关于网络强国的重要思想。在一系列讲话中，习近平总书记多次论述了网络安全对国家安全的重要意义。

2014年4月15日，习近平总书记在主持召开中央国家安全委员会第一次会议时，首次提出了总体国家安全观。他强调，"要准确把握国家安全形势变化新特点新趋势，坚持总体国家安全观，走出一条中国特色国家安全道路"。此次会议还首次系统提出了包括信息安全在内的"11 种安全"。

习近平总书记在这次会议上强调，当前我国国家安全内涵和外延比历史上任何时候都要丰富，时空领域比历史上任何时候都要宽广，内外因素比历史上任何时候都要复杂，必须坚持总体国家安全观，以人民安全为宗旨，以政治安全为根本，以经济安全为基础，以军事、文化、社会安全为保障，以促进国际安全为依托，走出一条中国特色国家安全道路。贯彻落实总体国家安全观，必须既重视外部安全，又重视内部安全，对内求发展、求变革、求稳定、建设平安中国，对外求和平、求合作、求共赢、建设和谐世界；既重视国土安全，又重视国民安全，坚持以民为本、以人为本，坚持国家安全一切为了人民、一切依靠人民，真正夯实国家安全的群众基础；既重视传统安全，又重视非传统安全，构建集政治安全、国土安全、军事安全、经济安全、文化安全、社会安全、科技安全、信息安全、生态安全、资源安全、核安全等于一体的国家安全体系；既重视发展问题，又重视安全问题，发展是安全的基础，安全是发展的条件，富国才能强兵，强兵才能卫国；既重视自身安全，又重视共同安全，打造命运共同体，推动各方朝着互利互惠、共同安全的目标相向而行。

2. 网络安全关系政治安全

互联网信息技术的发展突破了时空的限制，拓展了信息的传播范围，创新了信息的传播手段，有时也会被用来干涉他国内政、攻击他国政治制度、煽动社会动乱等。

某些国家意图通过互联网影响其他国家的社会稳定，我国是其重点目标之一。这些国家的一些政治家曾多次公开表示，要利用互联网影响和改变中国。这会给我国的国家安全带来危害。

3. 网络安全关系经济安全

目前，互联网已经成为驱动经济转型升级的重要动力引擎，世界各国纷纷寄希望于通过发展数字经济，实现经济的转型和国家综合实力的提升。在全球数字经济占比日益增长的情况下，经济金融领域成为网络攻击的重灾区。通过互联网攻击金融系统，会给国家的经济发展造成影响，严重时甚至可能影响社会稳定。同时，新型互联网金融模式也易出现安全风险，影响社会稳定。

首先，网络安全风险向经济领域传导、渗透，网络攻击及网络犯罪会影响经济安全。从全球网络攻击活动来看，近几年来黑客针对银行等的网络攻击活动日趋增多。黑客通过攻击金融系统，达到窃取资金、敲诈勒索等非法目的，对经济安全及个人财产安全造成较大的影响。普华永道发布的《2018 全球经济犯罪调查报告》显示，在所有类型的经济犯罪中，网络金融犯罪的比例高达 31%，41% 的受访者至少花费了相当于网络犯罪带来的损失两倍的代价来进行调查取证和采取其他干预措施[12]。

其次，针对经济金融领域的网络攻击并不仅仅是出于经济目的，也有可能是有恐怖组织或国家背景的网络攻击。从2012年9月起，某国多家金融机构相继受到网络攻击，出现间歇性网络连接中断，造成了数百万美元的损失。事后有恐怖组织声称对这些攻击负责。

最后，作为数字经济重要组成部分的互联网金融面临金融犯罪易发的风险。互联网金融是随着互联网发展而产生的一种新兴金融模式，是传统金融行业和互联网技术相结合的新兴领域[13]。近年来，我国的互联网金融取得了快速发展，众筹、互联网借贷、第三方支付等互联网金融形式大量涌现。与此同时，互联网金融行业呈现出风险多发态势。特别是P2P网络借贷由于准入门槛低，成为不法分子从事非法集资和诈骗等金融犯罪的温床。2018年，先后有不少P2P平台违约、停业甚至卷款跑路。P2P平台出现的这些问题导致不少民众财产损失，产生了不良的社会影响。

4. 网络安全关系军事安全

信息时代，互联网已经在人们的生产和生活中无处不在，军事领域也不例外。战斗机、导弹、军舰、坦克等武器系统都需要通过网络及计算机系统来进行操作，侦察卫星、无人机等重要的信息传输设备更是在很大程度上依赖网络及计算机系统。随着网络及计算机系统在军事领域的应用越来越广，在高科技军事行动中，通过网络攻击破坏对方的计算机网络和系统已成为日益重要的作战方式之一。对国家军事设施发动的网络攻击可以破坏对方的指挥控制、情报和防空等军用网络系统，甚至可以悄无声息地破坏、控制敌方的商务、政务等网络系统，或使其瘫痪[14]。在战争期间，如果军事系统的网络受到攻击，将会导致军事情报泄露，武器系统被干扰或失灵，军队的战斗力将大幅度降低甚至丧失，战争将很难取得胜利。

鉴于网络攻击在战争中的作用日益凸显，各国将发展网络部队作为提升本国军事力量的重要部分。美国、俄罗斯、英国、日本、韩国、澳大利亚等国家十分重视"黑客部队"，纷纷组建网络作战部队。

5. 网络安全关系文化安全

文化安全是国家安全的重要组成部分。2016 年 11 月，在中国文联十大、中国作协九大开幕式的讲话中，习近平总书记指出，"坚定文化自信，是事关国运兴衰、事关文化安全、事关民族精神独立性的大问题"。随着互联网的深入发展，互联网已经取代报纸、电视、广播等传统媒体，成为文化传播的主要渠道。互联网为我国发展和繁荣社会主义先进文化提供了广阔领域与多重手段，网络文化正成为国家文化的主要形态之一。与此同时，互联网中的虚假、色情、暴力等不良和有害信息破坏了我国良好的文化氛围，冲击着未成年人的思想意识，影响着他们的行为方式。一些国家通过互联网对我国的文化进行浸染，严重影响了我国的文化安全。

一是某些国家意图通过网络文化霸权推行本国的意识形

态及价值观。2013年8月，在全国宣传思想工作会议上，习近平总书记指出，"经济建设是党的中心工作，意识形态工作是党的一项极端重要的工作""建设具有强大凝聚力和引领力的社会主义意识形态，是全党特别是宣传思想战线必须担负起的一个战略任务"。意识形态是国家的文化软实力，对一个国家的发展及稳定有极其重要的意义。如果一个国家的意识形态出现问题，整个社会就会缺少凝聚力、向心力，政府的执政地位就会受到质疑，进而导致无法维护社会的稳定，无法保障国家的安全。某些国家一方面意图通过互联网将其意识形态和价值观传递给我国网民，另一方面诋毁、攻击我国主流的意识形态，意图改变人民群众对事物的认知，使人民群众丧失对我国体制、机制、文化等方面的信心。

二是色情、暴力、消极等不良网络文化信息冲击文化安全。优秀的网络文化会对社会的发展起到积极的促进作用，但是互联网上的内容并不全都是积极、优秀、正面的，互联网上也存在淫秽、色情、暴力、封建迷信等文化垃圾。这些文化垃圾会对民众的心理健康产生不良影响，易导致出现沉迷网络游戏、暴力焦躁、消极沮丧、不务正业、违法犯罪等行为。2015年，一款名为"蓝鲸"的死亡社交游戏引起多个国家青少年群体的关注，并在俄罗斯、巴西等地引发青少年自杀事件。俄罗斯警方称，这款游戏在俄罗斯疑似造成了130名青少年自杀。

三是网络亚文化给青少年心理健康造成负面影响。网络亚文化与网络主流文化不同，它是在网络虚拟空间中存在的边缘文化[15]。网络亚文化群体更喜欢标新立异、张扬自我，甚至故意挑战主流、正统的文化形式和规范。网络中的一些流行语、表情包含有低俗、媚俗成分，因具有新奇、新颖、新潮等特点而受到青少年的追捧；部分短视频平台上出现的低俗视频，对未成年人树立正确的人生观和价值观造成不良的影响[16]。由于青少年身心尚未完全成熟，如果伴随着不良的网络亚文化成长，他们的思维就易受到这些不良亚文化的侵蚀，从而偏离积极向上的社会主流文化。

6. 网络安全关系社会安全

改革开放 40 多年以来，我国的社会和经济取得了举世瞩目的成就。与此同时，一些社会矛盾和社会冲突也在影响社会的和谐稳定。而互联网因信息传播速度快、受众面广、互动性强等特点，在突发事件和群体性事件等的传播中成为社会舆论演变的重要通道。线上、线下的相互串联、互相影响，易导致突发事件和群体性事件扩大化，影响社会稳定。与此同时，伴随着互联网发展而产生的网络犯罪问题也成为一种新型犯罪形式，威胁社会的安定。

一是网络谣言和有害信息给社会稳定带来风险。互联网为网络谣言和有害信息的产生和传播提供了温床。群体性事件常常伴随着煽动民众情绪的网络谣言，这些谣言推动民众采取多种方式表达诉求，使微小事件发展为重大事件[17]。例如，2014 年广东省茂名市民众针对二甲苯（PX）化工项目向政府部门表达诉求期间，互联网上出现不少谣言，意图挑拨民众与政府之间的关系。此类网络谣言加剧了民众的不满情绪，放大了社会风险，影响了社会稳定。该案例具体可详读本丛书中的《网络舆论引导能力研究》分册。

二是网络犯罪日益组织化、专业化和匿名化，影响社会治安。网络犯罪作为互联网时代的衍生产物，威胁网络环境的和谐稳定，同时给现实社会的社会秩序和公共安全造成危害。"传统犯罪＋互联网"的态势日益凸显，传统犯罪网络化已成为各类犯罪现象扩散蔓延的重要原因。此外，新兴网络犯罪正摆脱过去"单打独斗"的形式，形成一条封闭的黑色产业链。在各类互联网黑色产业链中，一般有上游、中游、下游之分，各环节各司其职、互相配合，使网络犯罪的影响范围更广，危害更大。上游通常为技术供应商，它们利用木马病毒、黑客渗透、恶意网站、流量劫持[注11]、DDoS 攻击等方式非法获取公民及企业数据，为下游实施犯罪提供资源支持；中游为数据服务商，它们利用社会工程学手段及钓鱼式攻击进行网络钓鱼、利用撞库攻击[注12]批量登录网站、通过内部人员作案非法获取或出售信息系统数据等；下游为犯罪实施者，他们通过盗窃、电信网络诈骗、敲诈勒索等形式进行犯罪。网络犯罪活动的专业化、规模化、产业化和国际化成为危害社会稳定的重要因素。

二、网络安全分类

在网络安全框架体系模型中，网络安全问题可以划分为物理安全、运行安全、数据安全、内容安全 4 个层次，如图 1-1

所示。这些网络安全问题可能引发计算机系统被破坏、数据泄露等网络安全事件，影响国家的发展、社会的稳定及人民的生产生活。伴随着传统领域数字化转型升级的不断深入，云计算、大数据、物联网、人工智能、区块链等新技术、新应用不断出现，网络安全面临新的形势，新的挑战也随之而来。

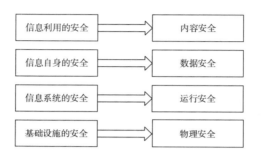

图 1-1　网络安全框架体系模型 [18]

（一）物理安全

物理安全是指保护计算机设备、设施（网络与通信线路）免遭地震、水灾、火灾、有害气体等事故以及人为行为导致的破坏[19]。物理安全是整个计算机系统最基础、最根本的安全。如果物理安全无法得到保障，无论运行、数据或内容的安全防线如何固若金汤，整个系统都将面临毁坏的风险。

1. 自然灾害威胁

自然灾害威胁是大多数威胁中破坏力最大的，往往不可预料，或者虽可预料但不能避免，如洪水、地震、大风和火山爆发等。自然灾害的发生往往对计算机系统具有毁灭性的破坏作用，2008 年发生的 5·12 汶川地震就造成当地的通信设施受到严重破坏。在这些严重的自然灾害面前，计算机系统难保安全。

自然灾害虽然不可抗拒，但是可以通过对不同类型的自然灾害进行风险评估及采取合适的预警方式，尽早预警或发现自然灾害的发生，为防止自然灾害造成重大损失争取宝贵时间。例如，安装避雷针以防雷击，加强建筑的抗震等级以尽量对抗地震造成的危害。提前制定好应急预案，进行应急演练，模拟自然灾害来临时应采取的行动步骤和灾难发生后的紧急恢复。此外，对于重要的计算机系统，还应当考虑在异地建立适当的系统备份和恢复系统。

2. 环境威胁

环境安全，顾名思义，就是系统所处的环境的安全。当系统所在的环境受到破坏时，计算机系统的服务可能会中断，其中存储的数据可能会受到破坏。例如在干燥的季节里，衣物之间的摩擦可能产生电位很高的静电，造成网络设备里的芯片损坏或性能降低。在下雨天，雷击造成的浪涌电流可能通过电源线进入机房，毁损网络设备。如果机房的选址或建设不合理，房顶漏雨或暖气管破裂造成水患，将造成设备毁损或数据丢失。计算机系统所在环境周边的电磁泄漏也会对系统的传输信号造成干扰。在对计算机系统进行保护的过程中，应注意预防火、水、静电、雷击、电磁干扰等环境因素对计算机系统造成的威胁，以下简要说明。

防火。机房的建造应使用防火建筑材料，同时机房应设置防火隔离、烟雾报警、温度控制系统、灭火系统等必要的防火措施。电子计算机机房的耐火等级应符合《建筑设计防火规范》等国家标准。

防水。由于计算机系统使用电源，因此水对计算机是致命的威胁，可导致计算机设备短路从而无法使用。必须对机房采取防水措施，如与机房无关的排水管道不得穿过机房、机房房顶和吊顶应有防渗水措施、不得将机房设置在用水设备的下层等[20]。

防静电。静电是由物体间的相互摩擦、接触而产生的。静电产生后，由于未能将其释放而在物体内积累，会有很高的电位；静电释放时产生放电火花，容易造成火灾。此外，静电还有可能造成大规模集成电路的损坏。在计算机系统机房内，需要采取必要的防静电措施，如铺设防静电活动地板、装设离子静电消除器、配备防静电服和防静电鞋等。

防雷击。微电子设备具有电子元件密度高、数据处理速度快、低电压和低功耗等特性，对雷击、静电放电、电磁辐射等非常敏感，如果防护措施不力，可能遭受重大损失。目前，对雷击的防范措施主要包括安装避雷针、避雷网、避雷线、避雷带和良好的接地系统以及电源线防雷、网络信号线防雷等。其中，建筑的防雷措施可以参考《建筑物防雷设计规范》。

防电磁干扰。电磁干扰是指电磁波与电子组件作用后产生的干扰现象。严重的电磁干扰会使计算机设备的可靠性降低，甚至使计算机处于瘫痪状态，无法工作。在机房选址时，应尽可能将机房选在外界电磁干扰小并远离可能接收到辐射信号的地方，同时采取电磁屏蔽手段。

为了保证计算机系统的物理安全，机房应做到技术先进、经济合理、安全适用和确保质量。为此，国家制定了一系列机房的选址、设计及使用的国家标准，如《数据中心设计规范》《计算机场地安全要求》《计算机场地通用规范》等[21]。

3. 技术威胁

物理安全的技术威胁通常与电磁辐射和电源有关。计算机及其外设（包括主机、显示器、传真机等）在工作时，都会产生各种强度的电磁辐射。可以借助简单的仪器设备在一定范围内接收这些辐射出去的电磁波，通过一定的技术手段对这些电磁辐射信号进行还原处理，可以得到原信息内容，使信息的保密性受到破坏。在实际生活中，电磁泄漏已经成为造成计算机系统失泄密的重要途径之一，通过增强加密传真机的电磁波发射强度，使得加密传真机处理的明文信息能够远距离被窃取[22]。除电磁泄漏外，电源线的电流波动也可被用来进行信息窃取。2018 年，国外的研究人员研究出了使用电源线窃取隔离计算机数据的攻击手段。这种攻击方式通过恶意软件攻击计算机，将计算机的数据编码成电能消耗模式。计算机传输数据时，会引起电源线中电流的波动变化，攻击者只需测量电源线中电流的变化，即可解码出计算机传输的数据。

在人们的传统观念中，只有计算机系统或设备连接互联网之后才会导致数据泄露，而电磁泄漏及电源线电流波动造成的信息泄露则警醒人们要提升安全意识。在计算机系统建设及使用的过程中，应进行必要的电磁安全防护，主要措施包括使用低辐射设备、利用噪声干扰源、电磁屏蔽、滤波技术、光纤传输、安全距离保障等[23]。

4. 人为威胁

人为威胁是物理安全威胁中最难预料和处理的威胁，人为的偷窃、损坏、破坏或者误用都会对计算机系统的物理安全造成威胁。

人为威胁分为内部人为威胁和外部人为威胁。内部人为威胁即内部人员利用已经被授权的访问权限对计算机系统造成负面影响带来的威胁。目前全球出现的数据泄露事件中，有很多是组织或企业的内部人员有意或无意造成的。内部人员可能利用自己对特定系统的访问权限非法泄露数据，也可能对服务器或网络进行配置时出错致使系统被入侵。这些由内部人员造成的风险事件易导致计算机系统被攻击、数据泄露，甚至造成财务损失。2017 年，我国公安部破获了一起盗卖公民信息的特大案件，50 亿余条公民信息遭到泄露，而犯罪嫌疑人竟然是某互联网企业的内部员工。要避免内部人为威胁，企业或组织应加强内控制度管理，提升内部工作人员保密意识及责任意识，注重对敏感数据或个人数据的保护力度，同时制定科学有效的网络访问管理制度和流程，加强计算机系统的授权访问控制。

外部人为威胁是外部人员实施的一系列破坏计算机系统的行为。应对外部人为威胁的方法就是执行严格的授权访问机制。对于重要计算机系统，应该将服务器、网络设备和存储设备等重要的信息系统资产放置在受限制的区域内，并安装铁门、铁窗、铁柜、机械锁、电子锁、门禁系统等安全防盗措施。被授权进入该区域的人员通常仅限于内部工作人员，无授权的人员应在有授权的人员的陪同下方可进入。同时，重要的计算机系统所在的重要区域应安装视频监控设备、红外报警器、手机屏蔽机柜等安全设备。

（二）运行安全

系统的运行安全是计算机系统安全的重要环节，系统或网络在运行时，为保护计算机系统的可用性，须采取安全措施[24]。破坏计算机系统的运行安全已经成为黑客的常用手段。

拒绝服务（Denial of Service，DoS）攻击是一种破坏系统运行安全的常见方式，即通过计算机网络带宽攻击、连通性攻击等方式使计算机或网络无法提供正常服务。DDoS 攻击是 DoS 攻击中的一种方式，它借助于客户端 / 服务器技术，将多个计算机联合起来作为攻击平台，对一个或多个目标发动攻击，从而成倍地提高攻击威力[25]。计算机或网络遭受DDoS 攻击的表现包括访问网站或打开文件异常缓慢、无法访问特定网站、无法访问任何网站、垃圾邮件数量急剧增加、无线或有线网络连接异常、长时间尝试访问网站或任何互联网服务时被拒绝、服务器容易卡顿等。

DDoS 攻击会给人们的生产、生活秩序和社会稳定造成巨大的影响。2016 年 10 月 21 日，Mirai 僵尸网络对美国互联网域名解析服务商 DYN 发起 DDoS 攻击，导致美国主要公共服务、社交平台和公众网络服务瘫痪，仅 DYN 一家公司的直接损失就超过 1.1 亿美元。近年来，DDoS 攻击已经形成黑色产业链。随着 DDoS 攻击变得更复杂、更具欺骗性和新式 DDoS 攻击手段不断出现，实施攻击变得越来越容易，由此带来的威胁也越来越严重。人们可以租赁 DDoS 攻击服务，DDoS 攻击手段已经被自动化平台取代，不需要手动操作。DDoS 黑色产业链的技术演进降低了 DDoS 的技术门槛，国际上部分 DDoS 黑色产业链团伙平均年龄在 20 岁左右，甚至其中还有未满 16 岁的学生[26]。

计算机病毒也是一种破坏计算机系统运行安全的方式，具有传播性、隐蔽性、感染性、潜伏性、可激发性或破坏性等特点，能够迅速蔓延，往往又难以被根除。计算机病毒会造成降低计算机系统工作效率、消耗其系统资源、破坏硬盘和系统数据、窃取隐私账号等多种危害。2019 年 11 月，微软发现一种名为"Dexphot"的计算机病毒。它从 2018 年 10 月起开始感染全球的计算机，至 2019 年 6 月中旬已感染了近 8 万台计算机。这种病毒可以迫使被感染的计算机"挖掘"数字加密货币。

应对计算机系统或网络的运行安全威胁应做好以下预防措施：一是强化网络安全意识，不随意打开陌生文件或链接；二是定期扫描系统漏洞并对系统进行更新，及时安装系统补丁；三是科学安装防火墙及杀毒软件，做好系统的入侵检测；四是定期做好数据备份，减少运行安全攻击可能造成的数据损失。

（三）数据安全

数据安全是指保护信息在数据处理、存储、传输、显示等过程中不被窃取、篡改、冒充且不可抵赖，其保护的是网络安全的机密性、完整性。数据安全面临的威胁主要分为以下几类。

窃取。即攻击者通过一定的技术手段监视网络数据，截获网上传输的信息，破坏网络数据的机密性。网络窃取的手段五花八门，系统漏洞、病毒、后门、"嗅探"技术、"摆渡"等均可能被不法分子用来进行数据窃取。全球网络窃取事件层出不穷，世界各国深受困扰。例如，2018 年，日本政府部分员工的邮箱地址和密码被泄露并被放在网上售卖；同年，黑客通过攻击新加坡保健集团的健康数据，非法窃取了 150 万人的个人信息。

由网络窃取而造成的个人信息泄露已经成为互联网行业的顽疾。窃取个人信息已经形成黑色产业利益链条，"源头—中间商—非法使用人员"的交易模式造成网络诈骗、骚扰勒索等违法犯罪活动不断出现。2016 年，大学新生徐玉玉因为诈骗电话导致 9900 元学费被骗走，伤心欲绝，心脏骤停，不幸离世。徐玉玉的个人信息就是犯罪分子通过攻击高考网上的报名信息系统并植入木马病毒窃取的[27]。

伪造。即攻击者将经过处理后的虚假信息发送给信息接收方，破坏网络数据的完整性。网络仿冒是一种伪造计算机或网络数据的行为。

网络仿冒又被称为网络欺诈、网页仿冒或网络钓鱼。网络犯罪分子通过仿冒民众信任的、正规的网站，达到"以假乱真"的目的。普通民众一般难以分辨仿冒网站，往往被欺瞒诱骗，将银行卡号、密码、账户数据或其他信息通过仿冒网站提交给犯罪分子。更有甚者，犯罪分子干脆采取在假网页或诱饵邮件中嵌入恶意代码的手段，给用户计算机植入木马病毒，直接骗取个人信息[28]。

在网络仿冒中，仿冒政务网站的情况不在少数。犯罪分子之所以"青睐"仿冒政府网站，在于意图通过政府网站的官方影响力及权威性，实施销售伪造的认定证书、发布虚假信息牟利、窃取个人信息等违法犯罪活动。国务院 2018 年发布了《国务院办公厅关于加强政府网站域名管理的通知》，要求各地区、各部门对所持政府网站域名进行全面梳理整顿及规范。这是我国首次就政府网站域名管理发布专项文件，目的是从源头上铲除仿冒政府网站的生存土壤。

此外，随着电子商务、网上银行、第三方支付等网络支付业务在日常生活中的普及，金融网站也成为犯罪分子热衷于仿冒的对象。犯罪分子诱导用户访问仿冒的金融网站，填写账号、密码等信息，进而窃取用户个人财产。国家互联网金融安全技术专家委员会发布的数据显示，截至 2020 年 5 月底，累计发现互联网金融仿冒网站 4.81 万个，受害用户 12 万人次。

篡改。即攻击者对合法用户之间的通信信息进行修改、删除、插入，再发送给接收者，从而破坏网络数据的完整性[29]。网站篡改是网络攻击中常见的攻击形式，攻击者通过修改受害者的网站页面来显示他们的信息。近年来，网站篡改事件多次发生，政府、教育、金融、企事业单位等的网站成为网页篡改的对象。国家互联网应急中心（CNCERT）注13 报告显示，2019 年，我国境内遭篡改的网站有约 18.6 万个，其中被篡改的政府网站有 515 个 [30]。

在数据即资产的时代，全社会亟须提高数据安全意识。如何从技术手段、自我约束、制度建设上对数据和隐私进行保护，成为值得探讨的问题。技术手段上，可以使用加密、数字签名、完整性验证、认证、防抵赖等数据保护方式；自我约束方面，应做好系统漏洞修补、病毒查杀、文件权限设置等数据防护工作，堵上黑客攻击的漏洞；制度建设层面，应完善数据保护的法律规范和监管体系，扎好制度的"铁丝网"。只有技术手段、自我约束、制度建设携手同行，才能做好新时期的数据保护工作。

（四）内容安全

目前，信息内容的主要表现形式包括文本、图像、音频、视频等，具有数字化、多样性、易复制、易分发、交互性等特点。内容安全是指信息内容的产生、发布和传播过程中对信息内容本身及其相应执行者行为进行安全防护、管理和控制。内容安全的目标是保证信息利用的安全，即在获取信息内容的基础上，分析信息内容是否合法，确保合法内容安全，阻止非法内容的传播和利用。

《中华人民共和国电信条例》明确规定，任何组织或个人不得利用电信网络制作、复制、发布、传播含有下列内容的信息：反对宪法所确定的基本原则的；危害国家安全，泄露国家秘密，颠覆国家政权，破坏国家统一的；损害国家荣誉和利益的；煽动民族仇恨、民族歧视，破坏民族团结的；破坏国家宗教政策，宣扬邪教和封建迷信的；散布谣言，扰乱社会秩序，破坏社会稳定的；散布淫秽、色情、赌博、暴力、凶杀、恐怖或者教唆犯罪的；侮辱或者诽谤他人，侵害他人合法权益的；含有法律、行政法规禁止的其他内容的。以上内容均会破坏互联网信息的内容安全。

内容安全面临的威胁与挑战主要包括以下几个方面。

互联网低俗、有害内容影响社会生态。 随着互联网信息技术的发展以及互联网应用平台的拓展，有害信息的传播也开始搭上互联网的"快车"。互联网中存在着的色情低俗、暴力血腥、荒诞惊悚、八卦谣言、炒作等不良信息，严重污染网络生态环境，败坏社会风气，影响民众的身心健康。我国近年来不断加强对网络色情、暴力等信息的监管和整治力度，但网络有害信息的传播方式也在不断更新变化，给互联网管理持续带来新的挑战。

有害信息传播形式多变，增加了对互联网内容管理的难度。目前，针对互联网有害信息进行管理的技术路线主要是对有害信息进行内容过滤，例如基于关键词的内容过滤和基于语义的内容过滤。基于关键词的过滤在技术上很成熟，准确度也很高，漏报率低，但误报率较高；基于语义的内容过滤在技术上还不成熟，存在很多困难，效率低下，难以实现目标[31]。随着互联网新技术新应用的发展，犯罪分子不断改变有害信息的传播方式，给互联网内容治理带来很大困难和挑战。

针对内容安全，互联网企业应适应互联网内容形式不断增加、数量不断上涨的新形势，加强内容审核投入力度，加大对互联网有害内容的审查和过滤；互联网内容审查技术应不断与时俱进，可采用人工智能技术对音视频有害信息进行筛选和识别，并根据互联网内容传播的新形式、新特点，不断更新内容安全技术；普通互联网用户对于内容安全管理也不应置身事外，可充分利用互联网企业或政府部门开通的网上有害信息举报专区、平台或App，对发现的互联网有害内容进行举报，坚决抵制互联网有害信息荼毒网络文化。

三、新技术新应用带来的新挑战

互联网的发展突飞猛进，技术应用新旧交替速度加快。云计算、大数据、人工智能、区块链、物联网等新型互联网技术的兴起、发展与成熟，带动了一系列新兴产业的发展，促进了产业变革，给人类生产和生活带来了新的变化。然而，新技术的发展也带来一系列安全问题。在大力发展新技术、新应用的同时，应不忘关注其带来的网络安全风险问题，推动新技术、新应用更好地为人类和社会服务。

（一）云计算

学术和产业界对于云计算的定义有多种说法，现阶段获得广泛认可的是美国国家标准与技术研究所（National Institute of Standards and Technology，NIST）的定义：云计算是一种按使用量付费的模式，提供可用的、便捷的、按需的网络访问，可配置的计算资源共享池（资源包括网络、服务器、存储、应用软件、服务）里的资源能够被快速提供，使用者只需进行很少的管理工作，或与服务供应商进行很少的交互[32]。云计算模式类似于供电、供水模式。就像不需要为每家每户建发电厂、自来水厂一样，云计算使用户不需要自己购买服务器、存储设备。因此，云计算大大避免了用户重复和分散的信息化建设，提高了设备的使用率，降低了人力成本。

近年来，云计算产业规模增长迅速，目前已被应用到政府、金融、交通、医疗、教育等多个行业，且应用领域仍在不断拓展。云存储、虚拟桌面云、游戏云、云杀毒、私有云、云教育、云会议等是人们目前生活中经常接触和使用的云服务。云计算在降低成本、提高业务灵活性和弹性、优化资源利用等方面具有优势，方便了人们的生产生活，然而其面临的安全风险也不容忽视。

一是云计算的网络安全风险由分散向集中转变，影响由局部向全局转变，遭受网络攻击后影响范围更大。以前网络系统是分散部署的，一个网络系统被黑客攻击，只影响这个系统的用户。如果把许多网络系统都部署在一个云计算平台上，一旦云计算平台被黑客攻击或被计算机病毒感染，就会影响使用该平台的所有用户。云计算将风险集中到少数几个地方，使这些主流云提供商成为网络攻击的主要对象。

二是网络安全主体由个体向云服务商转移，用户数据面临泄露风险。云服务面临的另一个风险在于用户数据所有权与控制权的分离。用户将数据托管给服务商后，实际的数据控制权发生转移，对数据享有优先访问权的不是用户，而是云服务商[33]。这种控制权转移的状况无疑会对用户的数据安全构成极大风险。2017年2月24日，知名云安全服务商Cloudflare的系统由于存在漏洞，导致用户的加密数据被泄露，至少影响了200万家网站。

三是公有云成为DDoS攻击的跳板。黑客正在越来越多地利用公有云服务来发动DDoS攻击。根据反DDoS公司Link 11发布的《欧洲市场DDoS攻击研究报告》，在2017

年 7 月至 2018 年 6 月的 12 个月内，欧洲 25% 的 DDoS 攻击使用了基于公有云服务器的僵尸网络，而前 12 个月的数据为 18.5%。基于公有云服务器的僵尸网络是发起 DDoS 攻击的理想平台。云计算在实际应用中,通常会提供 1~10 Gbit/s 的带宽,使得攻击量可以比家用路由器、物联网设备或其他类似的独立设备高出 1000 倍 [34]。

四是云存储成为有害信息传播新载体。云存储是一个以数据存储和管理为核心的云计算系统。当云计算系统运算和处理的核心是数据的存储和管理时，云计算系统就会转变为一个云存储系统 [35]。云存储服务除了有利于人们存储生活中积攒下的大量数据信息外，往往还允许人们对存储的信息进行分享、转发。云存储既是一种存储、传播信息的新渠道，也成为不法分子传播有害信息或者病毒文件的新载体。2017 年 11 月 22 日，最高人民法院和最高人民检察院联合发布《最高人民法院　最高人民检察院关于利用网络云盘制作、复制、贩卖、传播淫秽电子信息牟利行为定罪量刑问题的批复》，明确了利用网络云盘制作、复制、贩卖、传播淫秽电子信息牟利行为的定罪量刑标准。

（二）大数据

麦肯锡全球研究所对"大数据"的定义是：一种规模大到在获取、存储、管理、分析方面大大超出了传统数据库软件工具能力范围的数据集合，具有海量的数据规模、快速的数据流转、多样的数据类型和价值密度低四大特征 [36]。从大数据的定义中可以看出，大数据不仅仅代表数据的容量多，同时还意味着数据的类型多、关联性强、总价值高。"大数据"这个词最早是 1980 年由著名未来学家阿尔文·托夫勒提出的。他在《第三次浪潮》一书中，将大数据比喻为"第三次浪潮的华彩乐章"。

大数据发展至今，已经日益渗入人们的生产生活，融入医疗、金融、汽车、餐饮、电信、能源、体育和娱乐等各行各业。例如对于医疗行业，通过整合医疗行业拥有的病例、病理报告、治愈方案、药物报告等数据，可建立针对疾病特点的数据库和医疗行业的病人分类数据库，帮助医生更加及时、有效地制定适合病人的治疗方案，同时也可以利用这些数据开发药物和医疗器械。对于交通行业，可以利用交通数据进行道路规划，并对信号灯进行即时调度。依托于我国开放的互联网政策支持及良好的互联网企业发展生态环境，目前，我国大数据产业发展稳中向好，保持高增长态势。CNNIC 发布的统计报告称，截至 2019 年 12 月，我国已有 20 个省（区、市）成立了负责大数据相关业务的省级管理机构，未成立省级管理机构的省（区、市）中有 6 个已发布大数据相关产业发展规划[37]。大数据这一新型互联网技术极大地促进了我国互联网经济的发展，对提升我国全球数字竞争力发挥了重要作用。然而机遇与风险共存，大数据面临诸多风险与挑战。

一是大数据中海量的数据更容易成为网络攻击的目标，数据泄露隐患增大。大型网站、数据中心、云计算中心等大数据平台汇集了大量数据，承载了来自计算机终端、移动终端、物联网设备等个人、企业、政府及国家层面的大数据资源。爆炸的数据是未来世界极其重要的资源，同时也意味着它会成为各方争抢的对象，更会成为黑客攻击的重要目标。2019年1月，美国俄勒冈州公共服务部遭受电子邮件网络钓鱼攻击，导致该机构的客户姓名、地址、社保号码和个人健康信息等数据被泄露，估计受该事件影响的人数约为64.5万人。

二是大数据平台自身技术特点带来安全风险。如今的大数据平台采用的都是典型的分布式文件系统，相对于传统的集中存储的平台，分布式文件系统的保护更加困难。而且，目前大数据平台的应用层面和基础层面存在不少漏洞，安全保障水平仍有待提高。目前，分布式系统基础架构Hadoop已经成为应用最为广泛的大数据计算软件平台，但其安全功能存在局限性。近年来，Hadoop暴露出来的漏洞数量逐年增长，且Hadoop系统的权限管理、加密、审计等安全管理功能均需通过对相关组件的配置来完成，容易因配置不当而引发网络安全问题。2018年，黑客曾利用Hadoop相关产品的不安全配置，对Hadoop服务器进行攻击，从而获得了Hadoop服务器的掌控权，进而利用Hadoop服务器组成的"僵尸大军"发动DDoS攻击。

三是大数据"滥用"凸显大数据非对称性风险。随着大数据技术的应用及发展，数据已经成为各行各业争先抢占的高地。各大公司在数据收集上不遗余力，用户的上网浏览记录、浏览习惯、购物偏好、饮食偏好、社交网络用户信息、社交取向等各类数据均被收集、分析。如果对这些数据进行整合、关联分析和深度挖掘，就能够形成完整的用户画像，从而用于精准营销，但这也可能被不法分子利用进行电信诈骗。"大数据杀熟"已成为网络流行语之一，背后反映出的即大数据的"滥用"问题。

（三）物联网

1999 年，美国麻省理工学院的自动标识中心提出了物联网（Internet of Things，IoT）的概念。物联网，即物物相连的互联网，是指将互联网延伸和扩展到任何物品和物品之间，实现人、机、物在任何时间、任何地点的互联互通[38]。物联网在人们的生活中有广泛的应用，能大大方便人们的生产生活，降低时间和空间成本，提高效率和生产率，如智能家居、智能交通、智能医疗、智能电网、智能物流、智慧城市、自动驾驶等。物联网已进入高速发展阶段。国际数据公司（International Data Corporation，IDC）预计，到 2022 年，全球物联网市场支出将超过 1 万亿美元，到 2023 年将达到 1.1 万亿美元，从 2019 年到 2023 年的物联网市场支出复合年增长率为 12.6%[39]。然而，物联网也面临以下几方面的威胁。

一是物联网设备安全受到威胁。随着物联网设备的极速增长，潜在的物联网安全漏洞也在迅速增长，这使得物联网容易成为黑客攻击的目标，面临网络安全威胁。IBM 公司 2018 年发布的一份网络安全白皮书显示，智慧城市所使用的 Libelium（无线传感器网络硬件制造商）、Echelon（专门销售工业物联网装置与嵌入式应用的企业）等企业产品的系统中的漏洞数量多达 17 个，包括默认密码、可绕过身份验证机制、数据隐码等，其中有 8 个是重大漏洞。黑客可以利用这些漏洞控制和篡改水位感应器、核电厂辐射感应器等物联网设备，进而对整个城市的运行造成影响[40]。近年来，由物联网造成的用户隐私泄露案例也不在少数。例如，2018 年 3 月，玩具公司 Spiral Toys 生产的智能玩具 CloudPets 的敏感用户数据库遭到黑客攻击，导致智能玩具的用户数据被窃取。

二是以物联网设备为跳板发动网络攻击，导致网络攻击范围及影响扩大。目前市面上存在大量的廉价摄像头、监视器以及其他物联网产品，它们的安全性能普遍较差，可以被黑客轻而易举地控制，从而变成僵尸网络中的一员，成为向各家网站和服务器发动攻击的跳板。随着物联网设备数量的增多，僵尸网络的规模会越来越大，攻击能力也会越来越强。2019 年 3 月至 4 月，美国网络安全公司 Imperva 发现了大规模的僵尸网络攻击，攻击对象主要是在线流媒体应用，该攻击在 13 天内感染了 40 多万台联网设备。

三是物联网设备遭受网络攻击，会对现实社会造成安全隐患。物联网给网络安全带来的最大问题就是安全问题从虚拟世界向现实世界扩散，并且可能出现"网络杀人"犯罪行为。未来人们生活中可能用到的汽车、微波炉、冰箱、热水器、医疗设备等物联网设备都可能被黑客操纵变为"杀人"的工具。例如，当用户乘坐无人驾驶车辆时，黑客入侵无人车系统后可以轻松掌握乘客的地理位置以及行驶情况，甚至可以控制无人车系统的控制平台，轻松造成车祸；无线心脏起搏器易受到黑客攻击，此类攻击以增加心脏活动量或缩短电池寿命等方式危及病人生命；等等。更重要的是，随着越来越多的关键基础设施接入互联网，一旦物联网设备受到攻击和入侵，不仅会导致数据的泄露，还会造成对关键基础设施（如交通控制系统、智能电网等）的破坏，会给人们生产生活和社会稳定带来广泛影响。

（四）人工智能

人工智能（Artificial Intelligence，AI）又称机器智能，一般是指人类制造出来的机器实现的类人智能技术，通俗地讲就是在机器中模拟人类智能。人工智能是当今世界最热门的技术之一，全球众多科技企业及风投公司正加足马力推动构建人工智能产业链。根据在线统计数据门户网站 Statista 的数据，预计至 2025 年，全球人工智能市场的收入将达到 590 亿美元，如图 1-2 所示。人工智能现在已经有很多应用场景，如语音识别、自动驾驶、智能家居、智能交通等。人工智能虽然可以代替人类进行一些活动，大大提高了效率，但同时也是一把双刃剑。

一是智能化网络攻击的攻击效率大幅提升，危害计算机网络安全。 利用人工智能技术可以提高网络安全防御的效率和水平，但它也可能被不法分子用来发动智能化的网络攻击。计算机可以以自动化的方式提升复杂攻击的速度与执行效率。例如，鱼叉式钓鱼攻击是一种只针对特定目标进行攻击的网络钓鱼攻击，诱导人们连接那些黑客已经锁定的目标。通过

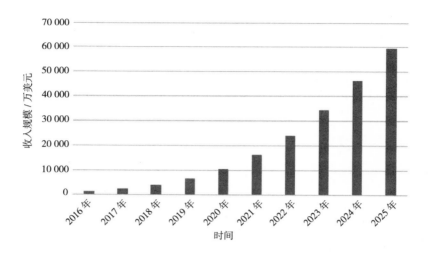

图1-2　全球人工智能市场收入规模
（含预测，来源：Statista）

使用人工智能技术，可以增强伪造的电子邮件的真实性、可信性，制造更有针对性的钓鱼类电子邮件，使特定目标更容易上当受骗。智能化网络攻击支持在攻击受阻时，无须人为指示即可自动寻找系统漏洞并发起新的攻击入侵。这种自主操作可能导致系统攻击其本不应攻击的系统。例如原本只打算窃取资金的网络犯罪分子在使用智能化攻击系统后，可能导致系统自动攻击医院的物联网医疗设备，从而造成人身伤害甚至死亡。

二是利用人工智能生成"假"身份进行社会工程诈骗，破坏社会和谐稳定。 人工智能的人脸识别、图像生成能力已经发展到足以以假乱真的程度，目前常用的指纹识别、脸部识别、验证码识别等身份验证方法在人工智能面前能被轻易破解。人工智能的深度换脸技术 AI DeepFakes 可以对脸部的图片进行替换，不仅可以生成图片，还可以生成视频。此项技术的使用门槛较低，并不需要懂得很多技术知识，只需收集足够的素材，程序就可以自动完成工作。不法分子可以利用人工智能的人脸替换、图像生成能力，伪造相关人员的样貌，进而冒用其身份骗过身份认证系统，窃取钱财或敏感信息。2017 年 7 月，华盛顿大学的研究人员利用人工智能技术，制作了一段时长 1 分 55 秒的美国前总统奥巴马演讲的假视频，其图像和声音都达到以假乱真的水平[41]。这样的技术如果被别有用心的人掌握，他们可能会通过制造假新闻、假视频来牟利或达到其他目的。

三是人工智能军备竞赛将战争变为"机器"战争，国家军事安全面临挑战。随着人工智能的发展，人工智能在军事领域的应用也越来越多。世界各主要大国已开始布局智能化武器及智能化作战。人工智能武器与传统武器相比，具有更大的威慑力、破坏力，但将人工智能引入军事领域面临较大的计算机系统失控安全隐患。2017 年 8 月，SpaceX 创始人埃隆·马斯克、著名物理学家霍金等上百名业界和学界领袖就已经联名呼吁各国不要在人工智能武器方面搞军备竞赛，以避免这些科技给人类带来毁灭性的后果。

（五）区块链

区块链（Block Chain）是运用密码学串接并保护内容的串联交易记录（又称区块）。每一个区块包含了前一个区块的加密散列、相应时间戳以及交易数据。区块链包含了分布式数据存储、点对点传输、共识机制、加密算法等多种技术，其本质上是一个去中心化的分布式数据库。区块链上的每个节点都参与整个账本的变动记录，并同步共享复制整个账本的数据，具有去中心化、多方写入、不可篡改、匿名性等特点[42]。区块链的概念最早于 2008 年出现在《比特币：一种点对点的电子现金系统》一文中，2009 年 1 月 3 日第一个序号为 0 的区块"创世区块"诞生，2009 年 1 月 9 日序号为 1 的区块出现，并与序号为 0 的区块相连接形成了链，区块链由此诞生[43]。

区块链的最大特点是去中心化。在去中心化的交易过程中，买家和卖家之间不需通过第三方，便可直接完成双方之间的交易。下面通过甲向乙借 1000 块钱的情景还原区块链的技术过程。甲向乙借了 1000 块钱后，甲在人群中大喊"我是甲，我借了乙 1000 块钱"，乙也在人群中大喊"我是乙，甲向我借了 1000 块钱"。甲和乙通过这种广播方式将他们之间的直接交易公之于众，使人群中所有人都知道并确认"甲向乙借了 1000 块钱"这一事实，甲和乙之间的交易完成。但以后可能发生这种情况——人群中的丙突然有一天大喊"我是丙，甲没有向乙借钱"，这与人群中所有人标记的信息相矛盾，即在去中心的交易中出现了伪造的问题。为了解决这一问题，在人群中的每个人对交易信息进行广播时，都对该条广播进行序号标记，同时广播上一句话的序号标记，此时广播的内容格式就变成："这句话的编号是 XXX，上一句话的编号是 YYY，我是乙，甲向我借了 1000 块钱"，这就解决了区块链中的伪造问题。区块链示意如图 1-3 所示。

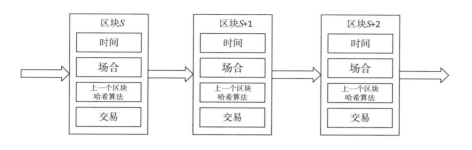

图 1-3　区块链示意

区块链技术很好地解决了去中心化交易中各节点之间的信任问题，使得高效、大规模、无中心化代理的信息交互变成了现实，大大节约了资源，提高了效率。区块链已经成为互联网行业热度很高的发展方向，对推动产业发展、经济社会进步具有重要作用。区块链的数据不可篡改性保证了数据的真实唯一性，分布式存储保证了数据的安全性，匿名性保障了数据隐私安全需求，自信任机制简化了资产交易流程，自动网络共识提高了共识效率。区块链的诸多优点使其在金融服务、供应链管理、智能制造、社会公益、文化娱乐、教育就业等多个领域具有广泛的应用场景。区块链技术已经逐渐得到世界各国的认可，英国、美国、韩国、澳大利亚等国纷纷出台政策支持、促进区块链产业和技术的发展。

我国也高度重视区块链的创新发展。2019 年 10 月 24 日，十九届中央政治局就区块链技术发展现状和趋势进行第十八次集体学习，习近平总书记在主持学习时强调，"区块链技术的集成应用在新的技术革新和产业变革中起着重要作用。我们要把区块链作为核心技术自主创新的重要突破口，明确主攻方向，加大投入力度，着力攻克一批关键核心技术，加快推动区块链技术和产业创新发展"。我国积极对区块链产业发展及应用进行布局，在《"十三五"国家信息化规划》中区块链技术被专门提及。北京、上海、江苏等地纷纷通过发布区块链政策指导文件、成立区块链产业园、引进区块链专业人才等方式，开展区块链产业布局。然而，区块链暗藏的风险与威胁也应当引起我们的重视。

一是区块链应用面临网络攻击风险。 对于区块链应用来说，既要面对"传统"互联网世界中的各类网络攻击，也要面对区块链独有的风险点。区块链系统以点对点网络为基础，针对点对点网络，攻击者可以发动窃听攻击、DDoS 攻击、分割攻击、延迟攻击等，进而给整个区块链系统带来安全问题。例如智能合约是区块链的核心技术之一，它以程序代码的方式实现了传统合约的自动化处理，已在借贷、支付、资产转让等"区块链＋金融"领域中有了实际应用。然而智能合约的执行过程中存在的诸多漏洞给用户及投资者带来了财产安全风险。2016 年 6 月 17 日，由于编写的智能合约存在漏洞，区块链众筹项目 The DAO 遭到了黑客的攻击，导致损失了 5000 多万美元。

二是区块链会被不法分子用来从事违法犯罪活动。 随着区块链的发展，不法分子开始利用区块链技术从事违法犯罪活动。去中心化、匿名性、不受国界限制、交易地址与 IP 地址无关等特点，使以区块链为底层技术的虚拟货币交易成为毒品交易、洗钱、贩卖军火、拐卖人口、传播非法信息等违法犯罪活动的重要交易手段之一。虚拟货币进入互联网后即可自由流转，甚至还出现隐藏了 IP 地址的隐匿型虚拟货币，它们在进行非法交易时更容易逃脱国家的有效监管和侦查。

三是区块链面临体系外的诚信风险。随着国家加大对区块链的政策支持力度，普通投资者对区块链相关产品和项目的投资兴趣也愈发浓厚。在区块链产业的发展过程中，一些区块链项目可能存在不切实际的宣传或炒作，伴有打着区块链旗号的"庞氏骗局"、非法集资、金融诈骗等违法活动。由于区块链技术的复杂性，普通民众难以分清打着区块链旗号的项目中究竟有多少是真正采用了这一新技术，又有多少仅仅是挂着"链"头卖"币"肉，不少民众深陷区块链骗局。我国监管部门已意识到利用虚拟货币进行投机炒作带来的风险，2017 年 9 月 4 日，中国人民银行等七部门联合发布了《关于防范代币发行融资风险的公告》，将虚拟货币发行融资的行为界定为"一种未经批准非法公开融资的行为"。

2019 年 10 月，习近平总书记在主持十九届中央政治局第十八次集体学习时指出，"要加强对区块链技术的引导和规范，加强对区块链安全风险的研究和分析，密切跟踪发展动态，积极探索发展规律"。应该积极理性地看待区块链技术，最大化其价值，最小化其风险，采取措施推动区块链良性健康发展。一是重视区块链风险知识的普及，促进区块链从业人员树立安全意识，避免由于疏忽大意而出现安全事件；二是大力发展区块链安全服务，为区块链企业提供专属安全解决方案，借助第三方服务提高区块链企业的安全防护能力；三是加快区块链安全防范技术的研究，从算法安全性、使用安全性、实现安全性、协议安全性、综合安全性等方面提升区块链整体安全防护能力，使区块链系统能主动抵御黑客攻击；四是进一步加强对区块链相关产业和项目的安全监管。

第二章

我国网络安全态势

网络安全与互联网发展相伴相生、相辅相成，安全是发展的前提，发展是安全的保障。我国自接入国际互联网以来，网络安全得到有效保障，有力推动了互联网的发展。但网络安全问题是互联网发展道路上不可回避的挑战，我们必须充分认识网络安全的复杂性、艰巨性和长期性，对我国网络安全态势进行系统、全面的梳理，充分认识我国网络安全发展的成绩与不足，以提升网络安全的保障能力，促进互联网更好更快发展，早日实现网络强国的建设目标。

一、我国网络安全的总体情况

我国互联网发展至今，网络安全状态总体平稳，各种网络安全威胁和风险总体可控。为更好地了解当前我国网络安全的总体情况，我们将从基础网络、公共网络、移动互联网、重要联网系统等方面对我国的网络安全工作和网络安全面临的风险挑战进行分析总结，同时阐述我国网络安全产业、人才和技术的发展情况，为网络安全工作提供参考。

（一）网络安全的基本态势

近年来，我国互联网呈现高速发展态势，网络基础设施建设日益完善，互联网普及率超过64%；互联网网民和移动互联网网民人数快速增长，网民规模突破9亿人，居世界第一位；移动互联网呈现快速发展趋势，手机网民规模超过8.9亿人，网民通过手机接入互联网的比例高达99.3%[37]。互联网发展成果惠及亿万民众，人民群众在网络空间享有更多的获得感、幸福感和安全感。特别是党的十八大以来，我国确立了习近平总书记关于网络强国的重要思想，大力加快数字中国建设，数字经济蓬勃发展，互联网成为国家发展的重要驱动力。

我国互联网基础设施不断优化升级。2019年，全国移动通信基站总数超过840万个，其中4G基站超过540万个，全国光缆线路总长度超过4700万千米，互联网宽带接入端口数量超过9亿个[44]。"提速降费""携号转网"、取消流量漫游费、降低移动网络流量资费、城市千兆宽带入户和移动网络扩容升级等被写入政府工作报告，并获得大力推进，让网络发展惠及更多民生，网络高速公路更加宽敞、便捷。"互联网+"方兴未艾，金融、保险、交通、环保、医疗、教育、制造、物流、政务等行业和领域与互联网融合的程度日益加深，互联网服务呈现智能化和个性化特点。大数据、量子计算、区块链、人工智能、工业互联网、车联网等互联网新技术新业态竞相迸发，呈现蓬勃发展的势头。我国建成世界上最大的4G网络，在5G技术研发领域深耕细作，相关标准制定、商业部署、应用推广走在世界前列，并已经启动6G研发工作，引领通信技术和互联网发展潮流。

我国互联网发展取得巨大成就的同时，网络安全保障体系不断健全，保障能力获得大幅提升。在网络安全法治建设方面，以《网络安全法》为核心的法律框架体系基本形成，网络安全法治化进程加速推进，在保障网络安全工作中的作用日益凸显。在网络安全人才方面，我国网络安全人才建设取得突破性进展，人才培养步入快车道，网络安全人才受重视程度日益提高。在网络安全技术方面，我国持续加大研发和投入力度，实现了部分核心技术的突破和创新，为保障网络安全提供了强有力的支撑。在网络安全意识方面，全社会网络安全意识明显提升，"共建网络安全，共享网络文明"成为社会普遍共识，网络安全意识深入人心。在网络安全防护方面，有效拦截和预防了境内外各种网络攻击，形成了网络安全威胁感知预警和综合处置能力，确保了互联网的安全稳定，为经济社会发展提供了保障。

然而，我国网络安全面临的风险挑战也较为突出，诸如木马病毒、勒索病毒、DDoS 攻击、APT 攻击等愈加频繁和复杂，使得互联网及各种联网系统的安全形势日益严峻。可以说，在互联网深入发展的大背景下，我国网络安全形势仍不容乐观，保障网络安全依然任重道远。

1. 基础网络安全

基础网络安全是指网络基础设施、网络运行的安全，即确保网络不中断。基础网络安全是互联网正常运行、经济社会发展的基本保障。梳理近十年我国互联网的发展历程可以发现，我国网络运行总体保持稳定，虽然部分网络曾发生故障，导致区域联网中断，访问受到影响，但未出现影响全国或大范围地区的网络访问故障以及造成经济社会重大损失的规模性、持续性断网及网络安全事件。这离不开我国互联网建设的稳步推进、网络系统的合规运营和网络安全的有力保障。

基础网络安全是确保网络正常运行的必要条件。影响基础网络安全的因素主要有 3 个。一是自然灾害、环境威胁、停电、道路施工等客观因素导致的网络中断和故障，如海底电缆受自然灾害影响出现断裂，导致网络无法连通，其造成的影响往往较大。二是网络攻击成为威胁基础网络安全的主要因素。域名系统（Domain Name System，DNS）成为薄弱环节，这是因为 DNS 自身存在严重安全漏洞。典型案例如 2009 年 7 月披露的"Bind9"高危漏洞，波及全球数万台域名解析服务器，涉及我国的有数千台。值得注意的是，攻击域名解析服务器导致网站无法访问、服务瘫痪，已经成为黑客的常用手段。三是人为因素导致的网络故障，诸如错误操作、配置错误、升级不当、设备故障、不规范维修等，都会造成断网或网络连接故障。人为因素导致的网络故障在基础网络安全事件中占据一定的比例。虽然有的并未带来大的影响，但实际上已经成为基础网络运营商及互联网服务提供商面临的重要的内部安全风险。我们应高度重视基础网络安全的保障工作，建立应急响应机制，加强域名系统等薄弱环节的安全防护，避免出现网络运营、维护等错误导致的网络故障，确保网络运行保持平稳高效。

2. 公共网络安全

公共网络安全是指网络服务提供商建设的、供公共用户使用的通信网络。如果说基础网络安全强调网络的连接性，那么公共网络安全则关注网络运行的各种风险。随着网络技术的发展、互联网应用的增多和网络普及率的提升，恶意程序、安全漏洞、网络攻击成为我国公共网络安全的重要威胁，安全风险不容低估。

（1）恶意程序感染呈现下降趋势，勒索病毒威胁增大

恶意程序是为攻击计算机系统所编写的一段程序，主要包括陷门、逻辑炸弹、木马病毒、蠕虫病毒等。计算机的普及和互联网的发展，使得感染恶意程序的案例愈来愈多，给公共网络安全带来较大隐患。据国家互联网应急中心的数据统计，2013—2015 年，我国境内感染恶意程序的主机数量呈现快速增长趋势，此后感染恶意程序的主机数量开始"一路下滑"。这得益于我国近年来持续开展恶意程序常态化打击，并取得积极成效。在感染恶意程序主机数量持续下降的同时，恶意程序传播次数却出现上升趋势，严重危害公共网络环境，这显示恶意程序的技术破坏力在不断增强。例如，2019 年计算机恶意程序传播次数日均达 824 余万次 [30]。迄今为止最复杂、感染用户数量最大的木马病毒之一——"暗云Ⅲ"，2017 年在我国境内大量传播，超过百万用户的计算机被"挟持"，对很多省市运营商的骨干网造成了影响。

恶意程序感染还开始转向经济和商业目的。近年来，Petya、NotPetya、WannaCry 等恶意程序掀起一波"敲诈勒索"的高潮，造成一定经济损失，危及网络系统，影响了行业的正常生产经营。勒索病毒的威胁开始向更大范围扩散，并呈现攻击次数和频率增加、危害程度加大、攻击方式专业化和勒索产业化的趋势。例如，2019 年国家互联网应急中心捕获

勒索病毒73.1万余个，全年总体呈现增长趋势。值得注意的是，勒索病毒这个恶意程序大家族不断"开枝散叶"，滋长蔓延。勒索病毒CrySiS在2019年出现了上百个变种，是2019年最为活跃的勒索病毒家族之一[30]。勒索病毒市场带来的经济效应催生了勒索病毒的产业化，勒索软件即服务（Ransomware-as-a-Service，RaaS）开始兴起。"暗网"中提供勒索病毒的相关服务和解决方案。又如，FileLocker勒索病毒就在"暗网"公开招募勒索病毒传播代理，声称免费加入，直接分成。勒索病毒的"黑产化"进一步助推了勒索病毒的蔓延势头。

（2）漏洞成为互联网安全隐患，中高危漏洞占比较高

漏洞是指在软硬件、协议或系统安全策略上存在的缺陷。攻击者通过漏洞能够在未授权的情况下访问或破坏系统。计算机各类系统和网站作为互联网产品和服务的重要载体，承载着各种互联网应用和服务，是用户获取、存储信息的重要平台，其相关漏洞成为网络攻击的目标之一。据国家信息安全漏洞共享平台（China National Vulnerability Database，CNVD）注14的数据，2013—2018年，国家信息安全漏洞共享平台收录的安全漏洞数量年平均增长率约为13%，其中，2016—2018年收录的中高危漏洞占比高达90%，充分说明漏洞安全隐患突出。近年来，零日漏洞注15收录数量持续走高，由此带来的威胁不断增长并难以防范。例如，2019年收录的安全漏洞数量中，零日漏洞收录数量占比超过35%，高达5700余个，同比增长6%，带来较大的安全隐患[30]。

相比网络攻击等形式较为隐蔽、用户难以察觉或关注较少的网络安全问题，网络安全漏洞，特别是网站漏洞，对人们生产生活造成的影响更为显著。常见的网站漏洞包括 SQL 注入漏洞、XSS 跨站脚本漏洞、信息泄露漏洞、内容泄露漏洞、文件泄露漏洞等。黑客利用这些漏洞可以对数据库、操作系统、服务器等发起攻击。事实上，我国不少网站存在安全漏洞，部分网站没有建立及时、有效的漏洞检测和处置机制，有的漏洞在曝光之后才进行修复，给黑客攻击提供了可乘之机。近年来曝光的电信诈骗、网络欺诈和个人信息泄露事件，不少都是由网站漏洞所引发的。部分政府机关、事业单位、企业、社会团体的网站同样存在漏洞，但随着安全意识的增强，漏洞扫描、监测和处置机制的建立，漏洞修复率得到显著提升。由此可见，重视漏洞（尤其是高危漏洞）的发现和保证修复漏洞对保障网络安全起到十分重要的作用。

（3）网络攻击风险较高，威胁公共网络安全

网络攻击形式多样、技术复杂、影响重大，是威胁公共网络安全最重要的因素，主要包括 DDoS 攻击和 APT 攻击。其中，DDoS 攻击的目的在于使目标计算机的网络或系统资源耗尽，使服务暂时中断或停止，导致用户无法访问。APT 攻击是指高级持续性威胁，是利用先进的攻击手段对特定目标进行长期持续性网络攻击的攻击形式，其高级性主要体现在攻击之前需要对攻击对象的业务流程和目标系统等信息进行精确的收集。

我国是遭遇网络攻击最严重的国家之一。由于我国近年来持续加强网络空间治理，打击网络犯罪活动，网络攻击现象得到有效遏制，相关攻击次数呈下降趋势。但 DDoS 攻击带来的威胁仍然突出。"匿名者""幽灵躯壳""Barbaros-DZ"等黑客组织频繁对我国发动网络攻击。根据意大利信息技术公司 Hacking Team 服务器被攻击后泄露的数据分析，部分国家机构雇佣专业公司，对我国重要信息系统实施了网络攻击。抽样监测发现，2019 年我国平均每日发生 220 起来自境内的峰值超过 10 Gbit/s 的大流量 DDoS 攻击事件，同比增加 40%，来自境外的超过 10 Gbit/s 的大流量攻击事件日均发生 120 余起[30]。

随着我国在国际舞台的地位不断提升，政企、机构和组织在全球事务中的影响力日益增加，我国成为 APT 组织攻击的重点目标。从全球范围来看，我国遭受 APT 攻击的次数排名靠前。部分境外 APT 组织对我国发起过多次攻击，特别是针对重要政府机构和部门的 APT 攻击日益常见，且已掌握丰富的攻击基础设施。APT 攻击充分体现了网络攻击的技术性和复杂性，并逐渐向社会工程攻击与漏洞利用相结合的方向转变，成为最具威胁的网络攻击方式，给我国带来较大的安全挑战。

3. 移动互联网安全

近年来，我国移动互联网基础设施不断完善，移动互联网流量消费持续高涨，移动智能终端形态愈加丰富，移动应用和下载量稳步增长，我国已经正式进入 5G 商用时代。移动互联网的快速发展在促进信息消费、创新应用服务、助力产业转型升级、壮大网络经济的同时，也成为各种恶意程序、网络诈骗、仿冒 App 等传播的新平台。

近年来，移动互联网恶意程序迅速增长蔓延，给移动终端、接入网络、应用服务等的安全与隐私保护带来一系列挑战。根据国家互联网应急中心的统计数据，2013—2019 年，移动互联网恶意程序捕获量呈快速上升趋势，年均增长率达26%。据 360 互联网安全中心数据，2019 年上半年，安卓平台新增恶意程序样本约 92 万个，窃取用户隐私的恶意程序占66.2%，位列榜首。移动互联网恶意程序通过信息窃取、诱骗欺诈、资费消耗、系统破坏等恶意行为不断侵犯用户的合法利益，对个人信息安全和财产安全造成了危害。

移动互联网时代下的网络诈骗和仿冒 App 危害也较为突出。2018 年，通过移动应用实施网络诈骗的事件尤为突出，大量诈骗 App 涌现，大量用户隐私和钱财被骗取。例如，2018 年广东警方破获了一起手机 App 新型网络诈骗案。不法团伙通过编写"机器人"程序冒充女性用户，引诱用户消费，从而非法牟利。此外，"蹭热门""热补丁"等形式的仿冒App 数量呈上升趋势，使得仿冒 App 的治理成为移动互联网安全管理的新战场 [45]。国家互联网应急中心 2018 年共捕获新增金融行业移动互联网仿冒 App 样本 838 个，同比增长了近 3.5 倍。

随着 5G 应用的发展，移动互联网将面临更为严峻的恶意程序威胁，提高移动互联网安全保护意识、加强移动互联网安全保护措施尤为必要。我国持续开展对移动互联网恶意程序的协同治理，不断完善应用市场审核机制，取得了良好的成效，2018 年和 2019 年分别下架了 3000 余个移动互联网恶意程序。

4. 重要联网系统安全

（1）工控系统面临安全威胁，存在较大安全隐患

工业控制（工控）系统是指由计算机与工业过程控制部件组成的自动控制系统，用以实现生产和制造过程的自动化、效率化、精确化，并具备可视性和可控性。工控系统网络安全涉及基础设施、智能制造、智慧城市、国防工业等多个领域，已经成为全球性问题。近年来，世界范围内，工控系统网络安全风险和事件数量呈明显上升趋势。诸如"毒区""TRITON""Havex""Industroyer"等恶意软件危害工控系统的稳定运行，不仅给经济社会造成了损失，还给国家安全带来了威胁。

我国工控系统上网是大势所趋，从以前封闭的"单机"系统走向开放的工业互联网必然面临更多的安全风险。随着智能制造、工业数字化加速发展，我国工控系统面临安全漏洞不断增多、安全威胁加速渗透、攻击手段复杂多样等新挑战。我国工控系统规模巨大，自主性不足，目前依然严重依赖进口，大部分重要系统和核心软件都靠境外厂商供给，这

就埋下后门、漏洞、病毒等安全隐患，随时可能被恶意探测，一旦遭遇网络攻击，将造成严重的后果。另外，我国工控系统的网络安全建设还存在发展与安全不配套、不对称的现象。部分工控系统缺乏完备的安全防护措施，在互联网上"裸奔"，难以有效应对有组织的、高强度的网络攻击。

近年来，针对我国重点行业工控系统的攻击越来越多，并呈现出攻击手段多样化、定向性和恶意嗅探等特点。以2019年为例，针对国内工控系统的网络资产嗅探事件约1.5亿起，同比增加2倍多，涉及能源、制造、通信等重点行业的联网工控设备和系统。大量关键信息基础设施及其联网控制系统的网络资产信息被境外嗅探，给我国网络空间安全带来隐患。工控系统面临的高中危漏洞风险也较为突出。2019年暴露在互联网上的7300余台工业设备中，约35%存在高危漏洞隐患；国内四大漏洞平台（CNVD、CVE、NVD和CNNVD）收录的工控系统产品漏洞中，中高危漏洞占比超过90%[30]。我国高度重视工控系统安全，从计划、措施、行动等多个层面加强了工控系统的安全防护。我国工控系统虽未发生重大安全事件，但仍需要提高警惕，应该进一步加快建设工控系统安全态势感知和风险预警通报平台，加大工控系统安全防护技术与产品研发，才能在网络攻击日益复杂多变的环境下，确保工控系统安全。

（2）金融系统成网络攻击新目标，安全问题不容忽视

金融系统是国家和企业进行资金管理、金融交易的极其

重要的系统，承载了大量的关键和敏感数据，一旦遭遇网络攻击，将造成巨大的经济损失。随着"互联网＋金融"的迅速发展、金融系统联网需求的增加，金融系统面临的网络安全问题日益突出。黑客为了获取非法经营利益，将目标投向银行、保险、基金、证券、网贷等金融机构，造成较大经济损失。例如，我国某银行的网上银行系统曾在 2016 年遭到 DDoS 攻击，给整个系统服务器的正常运行造成了影响。最近几年，针对金融行业的网络攻击行为不断增多，具有明显的组织性和系统性。黑客往往采取暴力攻击、DDoS 攻击等方式对金融系统发起攻击，以达到盗取资金和敏感信息等的目的。2018 年，我国某互联网金融平台遭到恶意软件攻击，导致平台的数字资产被窃。

近年来，俄罗斯、英国、孟加拉国等国家的银行系统先后遭到网络攻击，也给我国银行业金融系统安全带来了警示。我国银行业虽然未发生重大的金融系统网络安全事件，但相关风险不容忽视。银行的金融系统是国家重要的金融基础设施，关系着经济社会的平稳发展，其安全问题必须予以高度重视。要坚决守住不发生重大风险和安全事件这一底线，打好金融系统网络安全的"风险防御战"。

（3）公共服务系统面临日益增加的网络攻击威胁

公共服务系统是指政府部门、国有企事业单位和相关中介机构为公民、法人或者其他组织提供服务的系统或平台。公共服务系统面向人群多、服务范围广，涉及经济社会的方方面面，其安全问题不容小觑。我国高度重视公共服务电子化建设和相关系统的安全保障，公共服务系统安全工作扎实推进。但近年来，公共服务系统被攻击的案例开始增多，其中医疗卫生行业是遭受网络攻击较多的行业部门，DDoS 攻击占主流。国外已经发生了多起大规模患者信息泄露事件，黑客发起攻击的主要意图是获取海量的患者数据。我国医疗行业同样成为网络攻击的目标之一。2017 年年底至 2018 年年初，我国先后发生多起医疗系统遭网络攻击事件，如杭州某医院遭受到勒索病毒攻击，导致部分超声影像设备工作站瘫痪；湖北某医院和湖南某医院遭网络攻击，导致系统大面积瘫痪，医院诊疗流程无法正常运转。

医疗系统面临的网络安全威胁主要来自医疗设备漏洞和医疗电子化带来的数据泄露。黑客之所以青睐攻击医疗系统，一方面是因为医疗机构对网络安全威胁的认识不足，缺乏有效的防御机制，导致抵御网络攻击的能力相对较弱。另一方面，医疗数据具有较高的经济价值，使得不少不法分子铤而走险。随着电子病历和联网医疗设备数量的增加，安全形势将变得更加严峻。而我国部分医疗机构，特别是传统医院的网络信息安全解决方案还不成熟和不完善，亟待增强风险意识，及时修补漏洞，健全内部管理机制，筑牢网络安全防线。

政府网站是政府连通公民、提供政务咨询与服务的重要窗口，安全性必须得到保障。近年来，我国政府网站大力加强自身防护能力和水平建设，但遭到黑客攻击的事件仍时有曝光。黑客通过扫描网站漏洞、获得用户权限、发送病毒邮件、绕过系统防护策略等多种手段，发起网络攻击、篡改网页，甚至进行网络窃密等，给政府网站运营带来不小的安全隐患。2019 年，我国党政机关、关键信息基础设施运营单位的信息系统频繁遭受 DDoS 攻击，某黑客组织对我国 300 余家政府网站发起了 1000 余次 DDoS 攻击[30]。

黑客攻击政府网站多数出于政治目的。在重大活动期间，政府网站遭到网络攻击的概率会明显增加。针对政务系统的攻击也呈现出手段隐蔽的特点，逐渐从直接攻击转向渗透，带来潜在的风险隐患。不少攻击行为在被发现之前，就已经对政务系统进行了嗅探和入侵，甚至获得系统管理权限，并不断窃取重要敏感信息。影响政务系统安全性的因素主要包括安全意识、内部管理、防护体系。任何方面出现短板都会让政务系统处于威胁之中。随着电子政务的不断发展，针对政府网站和政务系统的有特殊目的的攻击行为可能会越来越多，制定并执行网络安全防护策略是预防攻击的有效措施。

（4）物联网安全问题日益突出，影响范围广泛

我国物联网产业规模已突破万亿元，并正在快速增长。物联网正广泛应用于我国工业、交通、电力、环保、物流等领域，形成了包含物联网模组、操作系统、接入设备、芯片等在内的较为完善的产业链体系。随着万物互联的智慧生活新时代渐行渐近，物联网安全问题也逐渐暴露出来。联网的打印机、摄像头、智能家居设备等都可能成为被黑客用于窃取个人隐私、商业秘密和国家机密的"后门"。消费级物联

网和工业物联网的网络安全事件是我国面临的较为突出的问题。例如，2017 年 8 月，央视曝光的家庭摄像头入侵事件，揭露了物联网给广大用户日常生活带来的泄露隐私的安全风险。

我国物联网的网络安全风险主要表现在以下几个方面。一是恶意程序、漏洞风险和网络攻击在物联网和智能设备蔓延，联网安全隐患多。目前活跃在智能设备上的恶意程序家族不断增多，通过漏洞、暴力破解等途径入侵和控制智能设备。CNCERT 在 2019 年捕获的智能设备恶意程序样本达到 300 万个 [30]。二是物联网产业链关键核心技术受制于人，"卡脖子"现象突出。传感芯片、射频识别等物联网基础感知技术受制于人，核心基础理论研究不深入，产学研用出现"断层"，技术和产品滞后于国外发展步伐，关键技术尚待突破。这些不足成为我国物联网发展在短时间内无法跨越的"鸿沟"。三是部分物联网公司缺乏网络安全意识，防护技术落后。大多数领域的物联网应用产品未经权威的第三方机构安全评测、风险评估或等级认证，稳定性、安全性和可靠性存在较大风险隐患。传统安全防护技术难以跟上物联网技术和产品发展的步伐。大部分物联网公司都只擅长提供物联网应用，对物联网安全领域几乎没有涉及，缺乏技术研究的储备 [46]。只有切实重视和解决上述问题，才能推动我国物联网安全发展，也才能加速我国物联网产业的转型升级。

（二）网络安全产业的发展情况

党的十八大以来，得益于政策的支持和良好的发展环境，我国网络安全产业进入发展的黄金期，呈现产业规模迅猛增长、产业协同发力、产业生态不断优化的良好局面，为网络安全技术创新、网络安全企业壮大提供了宝贵机遇，网络安全产业正朝着做大做强的方向不断发展迈进。但也应该认识到，与发达国家相比，我国网络安全产业还存在规模较小、创新不足、生态不完备、"领头羊"企业缺失、产业聚集效应不明显等问题，这些问题一定程度上阻碍了网络安全产业的发展和创新。我们必须认清不足，立足长远，大力破除网络安全产业发展的障碍，推动网络安全产业更快更好发展。

1. 网络安全产业发展现状

（1）产业规模高速增长，转向技术创新型和服务主导型

当前，我国网络安全产业呈现高速增长态势，产业发展进入崭新阶段，综合实力显著增强。业内预计，我国网络安全产业将保持高速增长。在互联网发展新形势下，网络安全产品和服务的角色、地位开始发生转变，安全服务逐渐从产品的辅助角色转变为安全产品采购时所需考虑的主要条件。网络安全产业正由"产品主导型"向"技术创新型"和"服务主导型"转变：动态监测、安全预警、态势感知、云安全服务等新技术新业态不断更新；网络安全技术密集化、产品平台化、产业服务化等特征不断显现。网络安全增值服务（如网络安全咨询、信息安全评估、数据安全架构）正取代网络安全硬件产品成为主流，大批安全服务提供商开始涌现。根

据赛迪顾问的报告，我国安全服务市场规模到 2020 年有望超过 120 亿元，占网络信息安全市场的比例超过 16%。

（2）产业创投活动高度活跃，产业生态不断优化

近年来，我国网络安全领域的创新企业收获多轮融资，相关创投活动高度活跃。云安全、数据安全、身份认证、移动安全等均为投资热门领域。2010 年左右，我国在 A 股上市的网络安全公司屈指可数，但到 2018 年，我国已有十余家上市网络安全公司，市值达千亿元规模。近年来，我国网络安全企业备受资本关注，部分企业的单笔融资金额达 10 亿元级别，且融资规模屡创新高。网络安全市场投融资活动的日益频繁，为产业发展提供了动力，进一步促进初创型网络安全公司的孵化，助力中小及规模化网络安全公司大力创新和做大做强。此外，中国互联网投资基金、网络信息安全母基金、网络与信息安全产业创新发展投资基金等多个产业基金成立，累计规模超千亿元，为网络安全产业发展注入了新动力。

（3）安全企业实力大幅提高，产业方阵逐步扩大

近年来，我国网络安全产业快速发展，共有数千家企业从事网络安全业务，营收规模和净利润持续快速增长，研发投入不断增加。一大批优势企业涌现出来，带动网络安全产业布局更加合理，结构更加完善。首先，互联网企业大力发展网络安全能力，影响力显著提升。大型互联网企业高度重视网络安全能力建设，大力发展云技术，建设云平台，在病毒防护、应用安全、网络攻击防护等方面取得实效。互联网

企业还与安全公司、基础电信企业等紧密合作、协同联动，共同推动安全产业生态建设。其次，传统通信企业、国有科技公司大力加强网络安全能力建设。基础电信企业积极构建网络安全生态体系，在制度和能力上下功夫，如组建安全团队和部门，加大网络安全产品的研发力度，在处理电信诈骗、信息泄露、垃圾短信等人民群众反映强烈的问题方面，做出了富有成效的努力。面对网络安全严峻形势和安全产业的发展需求，部分国有科技公司整合优势资源，推动构建完整的网络安全产业体系，为我国网络安全产业的发展注入了活力。最后，我国网络安全企业以"一带一路"建设为契机，积极探索"走出去"战略。部分优势企业开始亮相国际舞台，推广安全产品及解决方案，提供安全领域专业培训服务，设立网络安全培训基地，走出了一条国际化道路。

（4）部分城市抢抓产业布局，产业集群效应逐渐显现

近年来，网络安全建设得到国家政策大力支持，尤其是《网络安全法》正式实施后，相关扶持政策加速出台。电信、科技、能源、工业、农业、教育、医疗等领域的网络安全配套政策加速下沉和落地，产业配套日渐成熟并形成规模，成为融入互联网经济和推动信息化发展的重要抓手。为抓住网络安全产业发展的机遇，北京、上海、武汉、成都等城市不断加快网络安全产业布局，引导企业、科研机构、人才要素聚集，努力打造国家网络安全产业区域高地。北京市加快推进国家网络安全产业园区建设，加快构筑网络安全屏障，成立国家网络安全产业园区，计划建成我国网络安全产业"五个基地"，

打造产业新引擎。上海以创建具有全球影响力的科技创新中心为契机，打造网络安全产业的"桥头堡"，大力推动自主网络安全技术的工程化与产业化，引领我国网络空间安全自主创新技术与产业的发展。武汉倾力打造世界一流网络安全基地，全面启动国家网络安全人才培养与创新基地建设，基本形成了"硬件安全—通信安全—应用安全—数据安全"的完整的网络安全产业链。成都出台了一系列促进网络安全产业发展的重要举措，成立了全国首个网络信息安全产业园，吸引了一批知名安全企业相继设立研发基地，使成都在安全技术研发和产业发展方面走在全国前列。

（5）产业联盟聚优谋势，助推产业做大做强

网络安全产业发展不能光靠单打独斗，必须形成集聚优势。在国家政策的引导下，网络安全产业联盟顺势而生，为安全企业提供了良好的信息、技术和资金平台，推动网络安全产业快速发展。目前，我国已设立了包括中国网络安全产业联盟、工业信息安全产业发展联盟、工业控制系统信息安全产业联盟、中国信息安全技术产业联盟、北京网络信息安全技术创新产业联盟、中关村网络安全与信息化产业联盟等在内的区域性、行业性网络信息安全产业联盟组织，基本囊括了国内网络安全领域的企业和机构，极大地聚合了产业势能，优化了产业结构，推动了产业发展。例如，中国网络安全产业联盟在网络安全政策咨询、安全体系建设、标准制定、产品创新、核心技术国产化、网络安全国际交流等方面开展了一系列工作。此外，大型 IT 厂商、互联网企业、安全公司

等积极推进联盟建设，打造协同联动的网络安全防御体系。这些联盟的成立既推动了网络安全技术的发展，也使得网络安全产业不断"结网延伸"，推动我国网络安全产业和服务的"蛋糕"越做越大。

2. 网络安全产业存在的问题

（1）网络安全产业规模较小，缺少龙头企业

虽然我国网络安全产业取得飞速发展，规模增长保持良好势头，但从网络安全发展的历程来看，前期网络安全产业投入较少，基础薄弱，"欠账"较多，产业规模仍待壮大，与美国等发达国家相比还有不小的差距，仍处在奋力追赶的阶段。目前，我国尚未形成具有较大影响力的网络安全龙头企业，绝大多数网络安全企业缺乏持续发展的动力。网络安全市场研究公司 Cybersecurity Ventures 公布的 2018 年全球网络安全企业 500 强名单中，美国公司超过 350 家，而我国仅有不到 10 家企业上榜。安全技术厂商赛门铁克 2018 财年营业收入（48.34 亿美元）就相当于我国 2018 年整个网络安全产业规模的六成多。我国网络安全企业不论在规模、利润水平还是影响力上，与美国企业还有不小的差距。

（2）网络安全企业创新不足，同质化竞争较为严重

当前，我国涌现出了一批具有一定影响力的网络安全企业，是网络安全产业的中坚力量。但我国网络安全产业存在高速发展与技术创新能力不足的矛盾，即网络安全企业众多，

但供给侧创新能力不足，同质化竞争较为严重。整体来看，我国的网络安全投资占整体信息化建设经费的比例与欧美相比存在较大差距。网络安全产业研发投入的不足直接导致我国相关技术创新缺乏资金支持，后劲不足。安全企业创新不足还与全球网络安全发展的环境及我国产业模式有关。在网络安全市场，欧美企业占据了大量的国际市场份额，聚焦于综合安全、数据安全、云安全、网络与基础设施安全、航空军工、威胁情报管理和数字身份认证等多个领域，成为不少大型企业甚至国家采购网络安全解决方案的首选。我国的网络安全企业在安全技术、数据分析等门槛较高的领域缺乏优势，部分中小安全企业则陷入同质化竞争。不仅如此，美国的微软、IBM Security、思科、谷歌和 AT&T Network Security 等传统科技公司和互联网科技公司，凭借自身技术实力和对网络安全的高度重视，成功跻身网络安全企业排行榜的前列。比较而言，我国相关企业更注重产品应用和商业模式的创新，在向网络安全领域的转型方面还有待加强。

（3）网络安全企业布局分散，集聚效应有待加强

众所周知，美国加利福尼亚州的硅谷是全球科技创新的高地，聚集了大批知名网络安全企业，如赛门铁克、火眼、迈克菲等。华盛顿、波士顿、西雅图、芝加哥、奥斯汀、亚特兰大等地区也成为网络安全企业创新的聚集区，孵化了一批新兴安全企业。从国内主要网络安全企业的分布来看，我国网络安全产业主要集中在广东、浙江、北京、上海、武汉、成都等省市，初步形成了产业高地，具有明显带动效应，但

尚未形成类似美国这样的网络安全产业集聚地，也没有形成同一区域企业间的产业链合作效应[47]。整体来看，我国网络安全企业离通过集聚效应达到发展壮大、做大做强的目标还有较长的一段路要走。

（4）网络安全产业生态体系不完备，产业链和结构待完善

纵观我国网络安全产业，企业众多，但没有形成完备的生态体系，覆盖面不足、产业链缺失。大部分安全企业集中在传统的安全领域，产品类型和服务较为单一，上下游产业不通畅，"缺头少尾"现象突出。特别是在操作系统、数据库、核心网络设备等基础安全产业方面，我国还存在较多短板。在网络安全的各个细分领域也缺乏在体量和质量上均能"撑得住场面"的企业。从企业发展情况来看，中小企业、初创型企业由于资金投入不足，资源聚集能力和使用效率都有限，难以大规模投入研发。而大型安全企业和跨国安全企业的缺失，使得整个产业链处于底端竞争，在全球安全产业发展中分量不足，缺乏话语权和竞争力，安全保障能力难以进一步提升。正如 IDC 的评价所指出的，"中国企业的产品通常还集中在某一个点或面上，还没有形成完备的产业链和生态体系，从基础软件到应用软件，从网络设备到服务器等还不成体系"。

我国应进一步加快战略布局，着眼网络安全大势，以国家网络安全保障需求为导向，以网络安全技术为统领，大力营造网络安全产业发展的氛围，形成更大的规模效应；大力

推进国家网络安全产业园区建设，促进企业融合发展，打造网络安全产业集聚区和产业联盟，形成更大的产业集群；加大网络安全产业的投融资支持，鼓励安全企业"走出去"进行国际交流；建立网络安全企业种子库，扶持有实力的安全企业继续做大做强，支持中小型、创新型安全企业找准方向，在特定领域深耕细作，力争在未来几年培养一两个世界级网络安全企业；加强政企校合作，把研发和创新放在首位，努力实现创新突破和研发引领，推进政产学研联动，打造完整的网络安全产业链。

（三）网络安全人才及技术的发展情况

人才和技术是网络强国建设的关键推动力和有力支撑，做好人才培养工作，实现技术突破至关重要。近年来，我国高度重视网络安全人才培养，密集出台人才培养计划，为人才储备奠定了坚实的基础。在网络安全技术发展方面，我国不断实现关键核心技术的突破，通过积累和创新，逐渐从落后发展到跟进、齐头并进甚至领先的水平，使我国网络安全硬实力得到显著提高，为网络强国建设奠定了坚实基础。

1. 网络安全人才的发展情况

网络空间的竞争归根结底是人才的竞争。党的十八大以来，我国在国家和地方层面大力推进人才建设，网络安全人才建设步入快车道。我国已经把网络安全人才培养上升到国家高度，并纳入法制体系建设。2016 年 4 月，习近平总书记在网络安全和信息化工作座谈会上发表重要讲话，指出"网信领域可以先行先试，抓紧调研，制定吸引人才、培养人才、留住人才的办法"。2017年6月正式实施的《网络安全法》，对网络安全人才的培养、交流、培训等给出相应的规定。各地积极落实国家政策，谋划网络安全人才发展规划，通过校企合作、人才引进、资金补助等多种方式掀起网络安全人才培养和队伍建设的浪潮。我国不断加强网络安全学科和专业建设，在"工学"门类下增设"网络空间安全"一级学科，实施网络安全学院建设示范项目，举办网络安全竞赛等，抓紧培养网络安全人才，加大网络安全研究力度，筑牢网络安全的人才和发展根基。相关措施已经取得了良好的社会效果，网络安全人才日益受到重视。

在网络安全人才培养快速推进、取得优异成绩的同时，我们也应该看到，网络安全人才依然存在供需矛盾突出、结构失衡等问题。目前，全球范围内均出现网络安全领域高精尖人才匮乏的现象。网络安全人才需求迅速增长与人才供应短缺之间的矛盾是我国面临的一个现实问题。每年培养的网络安全人才难以完全满足市场对人才日益增长的渴望。网络安全人才的供需矛盾还体现在结构性失衡和供给错配上。网络安全人才供给整体呈现底部队伍庞大、顶部过小的金字塔形结构，即低技能基础型岗位呈现人才过剩状态，高技能人才则明显不足；从事运营与维护、技术支持、安全管理、风险评估与测试、产品销售的人员相对较多，从事战略规划、架构设计、系统工程建设、技术研发、基础研究的人员相对较少，尤其缺乏既钻技术又善管理的高端复合型人才。

此外，网络安全人才教育培训不足，引导机制亟待完善。网络安全技术更新迭代快，这要求从业人员不断更新知识储备，学习掌握新技能，跟进前沿网络安全态势。学历教育是网络安全人才获取知识和接受培训的重要途径，但存在偏重理论、培养周期长、与实践脱节等不足，短期之内无法满足各界对网络安全人才的需求。职业培训周期短、针对性强、紧跟业界前沿趋势，是网络安全人才培养和能力提升的重要渠道。然而，不少网络安全企业仅仅抱着"招聘技术人才"的美好想法，缺乏对人才培训和培养的重视。例如，调查显示，用人单位资助信息安全从业人员接受职业培训的意愿和力度不大，资助比例达到50%以上的占比仅为18.5%，33.5%的从业人员表示自己所在工作单位不提供任何资助[48]。

与人才短缺的"内在"困境相比，网络安全人才流失成为网络安全发展面临的一大"外部"困境。我们虽然加强了网络安全学科和专业设置，但每年仍有不少网络空间安全专业的毕业生选择出国留学或者进入外资企业工作。网络安全人才普遍更愿意进入互联网行业，通信行业成为网络安全人才流失的"大户"[49]。当前大量关键信息基础设施运营单位在"待遇引人""事业留人"等方面均面临挑战，甚至自有人才流失的现象也比较严重[48]。网络安全人才流失的原因是多方面的，其中很重要的一点在于人才上升通道缺乏。目前，网络安全还没有被收录入国家职业资格目录，这在一定程度上导致社会对网络安全人才的认同度出现偏差。

我们要高度重视网络安全人才培养工作，深入贯彻习近平总书记关于网络强国的重要思想，抓紧落实人才培养计划，加大稀缺性人才培养和行业扶持方面的投入，着重解决人才量少的问题；要加大产学研用结合，形成"人才引领产业发展，产业发展培养更多人才"的格局，让人才有用武之地，重点破解人才结构失衡问题。这需要高校、社会、网络安全企业三方面的全力配合，让科教融合、以赛促学蔚然成风；要关爱人才成长，畅通人才晋升渠道。在国家顶层设计的指导下，建立统一的网络安全人才培养标准和评价体系，营造良好的网络安全人才发展环境，让人才得到尊重，让人才价值得到充分发挥，让人才获得归宿感。

2. 网络安全技术的发展情况

互联网的快速发展促使网络安全技术不断更新迭代。回溯网络安全技术的演进，可大致看出网络安全行业发展的 7 个阶段，这些技术分别是 20 世纪 90 年代以硬件防火墙为代表的防护策略，21 世纪初兴起的以统一威胁管理（United Threat Management，UTM）为主的信息安全解决方案，2010—2013 年间流行的下一代防火墙技术，2013—2015 年逐渐发展起来的 APT 防护，2016 年开始流行的端到端加密技术，2017 年开始兴起的人脸识别技术，2018 年开始受到较多关注的智能威胁防御技术，具体见表 2-1。当下，新技术、新业务在我国不断涌现，并走向多样化、深度化、智能化。未来，大数据分析、自适应安全、深度分析、情境化智能等新兴网络安全技术或大有可为。

表 2-1　网络安全技术的演进 [50]

时间	代表公司	技术演进	背景	主要应对的威胁	核心技术
20 世纪 90 年代	保点系统公司、网屏技术公司	硬件防火墙	信息高速公路建设、网络宽带迅速增长	新的流量压力	ASIC 专用芯片
21 世纪初	迈克菲、赛门铁克、飞塔公司	统一威胁管理	网络应用蓬勃发展	邮件病毒、垃圾邮件	流量识别和检测与传统文件病毒检测技术结合
2010—2013 年	派拓网络	下一代防火墙	网络客户端、社交网络爆发，终端云模式出现	SNS 威胁、小众协议、僵尸网络	精细协议解析、身份 ID 识别、可视化
2013—2015 年	火眼公司	APT 防护	国家间和政经集团间的相互入侵	APT 攻击、零日漏洞	沙箱前置、场景组合遍历、异步检测与实时防护联动
2016 年	苹果公司、脸书公司	端到端加密	信息泄露、监管要求获取个人信息	监控、间谍活动、中间人攻击	信令协议

续表

时间	代表公司	技术演进	背景	主要应对的威胁	核心技术
2017 年	依图科技、VisionLabs	人脸识别	人工智能兴起、互联网应用愈加广泛	暴力破解、自动化程序攻击	神经网络、生物特征检测
2018 年	Wandera公司	智能威胁防御技术	网络攻击复杂化、未知性	潜在攻击、未知攻击	监控网络传输、自动检测和响应可疑行为

近年来，我国网络安全技术稳步发展，部分核心技术取得突破。我国网络安全发展以民为本，紧跟世界先进技术步伐，在网络空间领域拥有一定的技术实力。整体来看，我国网络安全技术经历了"从无到有，从有到优"的发展过程，取得了显著的成绩，拥有较为完善的技术基础、丰富的技术储备，具备厚积薄发的优势。我国安全技术在部分领域已经逐渐达到世界先进水平，如超级计算、病毒防护、入侵检测系统、威胁检测引擎、大数据安全分析、人工智能等。部分网络安全技术不断取得新突破，达到世界领先水平。我国在网络防御、IPv6、量子通信、网络技术标准等领域取得了一系列重大理论、技术和方法创新，为建设网络强国奠定了坚实基础。例如，2019 年年初，我国学者在量子网络研究领域取得重要进展，成功利用多光子干涉将分离的 3 个冷原子量子存储器纠缠起来，为构建多节点、远距离的量子网络奠定了基础。

与此同时，近年来，区块链、无人驾驶、人工智能、深度学习、量子计算等技术加速发展，成为各国产业竞争的前沿，并带来了新的网络安全挑战。数字货币的匿名性和去中心化的特点，使其成为非法交易的重要中介物，其管理成为各国监管机构共同面临的一大难题。无人驾驶可促进车联网发展，改善行车安全，降低交通事故率，与此同时，网络安全成为最令人担忧的事情。人工智能技术的发展给网络安全带来新机遇，可以被用来增强防御能力，但同样也被黑客用于网络攻击。还有诸如深度学习和量子计算等前沿技术，日渐成为网络安全领域的重要应用，但也给网络安全带来了威胁，可能会让网络犯罪分子更加随心所欲、肆无忌惮地实施网络非法行为。例如，利用深度学习建立学习样本并进行画像，模拟被攻击对象的行为，就能实现更隐蔽的网络入侵、窃密、破坏行为。量子计算的发展和应用将对公钥密码安全造成巨大冲击，颠覆网络系统赖以生存的加密基础。

我们应该看到，我国在网络安全技术领域取得成绩的同时，还存在一定的问题和不足：基础信息技术短板较多，尚未形成完善的体系；网络安全技术与美国等发达国家相比仍有不小的差距；关键核心技术仍然受制于人，网络安全标准缺乏主导力；新技术创新不足，新兴安全企业成长乏力。我国在建设网络强国的道路上还处于奔跑赶超的阶段，只有不断加强网络安全技术研发，才能获得网络安全主导权，才能捍卫网络空间主权。要大力发展习近平总书记 2016 年 4 月在网络安全和信息化工作座谈会上提出的基础技术、通用技术、非对称技术、"杀手锏"技术和前沿技术、颠覆性技术，确保互联网和网络安全发展有保障，对网络攻击等非法行为有震慑，引导网络安全产业升级换代。

二、我国网络安全的重要领域

网络安全涵盖多个领域、多个层面。我们既可以从宏观和微观视角考察我国网络安全的发展大势，也可以从产业、人才和技术层面探讨网络安全发展的成绩和问题。从我国网络安全发展的实际情况来看，网络舆论治理、个人信息保护、数据安全保障和关键信息基础设施防护是网络安全的 4 个重要领域，也是关系人民群众切身利益、实现网络强国的必然要求，同时还与党员干部的行政活动密切相关。充分认识这 4 个重要领域的基本内涵、重要性和存在的问题，对我国网络安全的建设和发展具有重要意义。

（一）网络舆论治理

当前，我国正处于发展关键期、改革攻坚期、矛盾凸显期，网络舆论复杂多变，给社会稳定带来多重影响。了解网络舆论的特点、把握网络舆论的规律，对于加强网络舆论治理、提升党员干部执政能力和执政水平具有指导意义。本节仅对网络舆论的特点、网络舆论治理面临的问题和挑战、进一步加强网络舆论治理进行简单梳理，具体可详读本丛书中的《网络舆论引导能力研究》分册。

1. 网络舆论的特点

网络舆论是通过互联网表达和传播的舆论，是民众对某一公共事件所表达的认知、态度、情感、信念、意见、情绪和倾向性的总和。随着互联网技术的飞速发展和广泛应用，网络已经成为信息传播、交流、扩散的重要平台，被公认为是继报纸、广播、电视之后的"第四媒体"，成为反映社会舆论的主要载体之一。网络舆论形成迅速，对社会影响较大。网络的开放性和虚拟性决定了网络舆论具有以下基本特点。

（1）直接性和自由性

互联网是自由、开放的，这为所有人打开了一扇发表言论的窗户，为网民表达意见提供了极大的便利。人们不必担心自己是否具备良好的社交能力，因为网络已经成为所有人的"话筒"。网民可以直接开通个人社交媒体账户，进行网络直播，发表意见和交流观点，而几乎不用受到他人的约束和限制。互联网的匿名性让网络舆情更具真实性和随意性。网民在互联网世界自由驰骋、自由表达、自由畅想，形成了一个巨大的、自由的舆论场。当然，网络舆论的自由性和直接性并不意味着互联网是法外之地，网络空间的各种行为必须依法进行，网络空间必须依法治理。

（2）快速化和突发性

传统的大众传播媒介，不管是报纸、杂志还是广播电视，在信息发布的过程中，都需经过排版、印刷或者录制、剪辑，大大延缓了信息发布的时间。而网络舆论的一个突出特点就是信息发布不需要经过上述中间环节，打破了时间和空间的限制，随想随发，可瞬时传播至网络的任何触点。网络舆论的突发性表现在舆论的发生、发展往往没有规律可循，在爆发之前甚至没有迹象，无法捕捉，无法预测。网络舆论的快速化和突发性使得舆论引导和治理变得更加困难。

（3）爆炸性和动员性

网络舆论的传播途径与传统媒体截然不同，既表现出线性传播规律，又时常出现螺旋上升、交叉叠加态势，呈现由点到面、由散到聚、由冷到热的明显特征。网络舆论巨大的体量和传播的复杂性，使得网络舆论具有爆炸性的特点。在一定条件的刺激下，网络舆论所蕴含的能量随时可能被释放，产生巨大的舆论风暴。在网络舆论的产生发酵过程中，网民不断地被动员起来，形成类似"滚雪球"效应，推动舆论向下一阶段发展，甚至导致复杂局面的出现。

（4）多元化和偏差性

网络空间的虚拟性、匿名性、无边界性和即时交互性，使得网络舆论在价值传递、利益诉求等方面呈现多元化、丰富性和复杂性等特点。网络舆论涉及政治经济、社会民生、环境保护、意识形态、军事外交等各个领域，内容包罗万象，既有"阳春白雪"，又有"下里巴人"；形式丰富多样，文字、图片、音视频等不断变换和组合。与此同时，多元化也就造成了舆论的偏差性。全民立场不可能保持一致，网络舆论不可能实现高度统一。受各种主观因素的影响，网上不乏各种感性、偏激的言论，由此容易形成群体盲从与冲动。

2. 网络舆论治理面临的问题和挑战

我国网民数量巨大，天然形成了一个巨大的网络舆论生态场。当前，网络舆论治理面临多方面的挑战。

（1）网络舆论存在乱象

近年来，我国加强了网络空间的治理和整顿。"净网""护苗"等专项行动给网络乱象下了一剂良药，使网络空间环境日益清朗。但网络舆论乱象依然存在，突出表现在网上不良信息滋长、负面舆情热点增多、网络推手推波助澜3个方面。

网络空间的虚拟性、隐匿性为违法和不良信息提供了滋生、藏匿的平台。部分网络短视频平台成为低俗、色情和暴力信息的传播渠道。网上涉毒、涉暴、涉独、涉枪等有害信息毒害网络环境，危害社会秩序。如"儿童邪典视频"和自杀游戏"MOMO挑战"就是两起网络涉暴的典型案例，引发了幼龄儿童的心理恐慌，胁迫、煽动、教唆未成年人自残自杀。

网络负面舆情仍然较多，非理性和"标签化"的网络情绪具有较强的传染性。极端言论更容易吸引网民眼球，迎合"拍砖"需求。"无理诉求"等"标签化"的网络评论、非理性的情绪发泄和偏激的言辞谩骂，时常在网络舆论中出现。微博生态通常是"听一半、理解四分之一、零思考、双倍反应"，微信朋友圈则通常"软文泛滥、速度转发、缺少思考、爆款点赞"。近年来发生的"问题疫苗"事件、女童遭猥亵事件等掀起了一轮轮舆论风潮，夹杂着五花八门的情绪，搅动着舆论的旋涡。部分媒体和网民缺乏严谨性和责任心，对网络热点事件随意进行点评，一定程度上误导了舆论走向。当前，社会利益格局深刻调整，社会矛盾不断凸显，思想观念深刻变化。民众更加倾向于通过便捷、实时的网络渠道来表达自己的观点和意见，网络负面舆情多发、突发成为常态。

网络水军、网络推手、网络公关等利用多种手段，试图控制或引导舆论，严重扰乱了正常的网络秩序。这类行为通常通过夸大或捏造事实，吸引舆论眼球，以达到谋取名利的目的；聘请公关公司以及推手，混淆视听，进行营销拓展或为自己造势；通过网络爆料、诱导、渲染、鼓动等方式操纵舆论，以达到自身目的。不管出于哪种目的的网络舆论运作，无非都是通过制造热点或焦点，进而引起巨大的网络舆论关注，甚至制造舆论压力。

（2）资本影响网络舆论走向

网络舆论的重要性让资本盯上了这一片蓝海。资本开始在网络舆论上大做文章。网络监管的升级与合规性的加强让一些网络"大V"纷纷转型（做营销）或转场（投身微信、自媒体等），谋求新的出路，商业化气息日渐浓厚。这正好迎合了资本的逐利性，为资本"侵入"网络舆论市场提供了"弹药"。商业化团队，特别是娱乐资本，与部分网络平台和"大

V"等合流，人为操纵舆论的现象时有发生。娱乐圈发生的各种丑闻和冲突事件，如"花钱上热搜""花钱下热搜"就充分显示了"资本导流"的力量。已被依法关闭的"咪蒙"自媒体账号曾发布《一个出身寒门的状元之死》等不实文章来引爆舆论场，误导舆论走向，以"收割"流量。

资本力量渗透网络舆论的案例显示了资本对舆论议题的操控能力。资本影响舆论的形式主要有以下 3 种。一是制造话题，挑动网络舆论发生。资本运用标题效应、视觉冲击、名人鼓吹、过度解读等方式进行话题曝光，从而聚集网上人气，形成对己有利的宣传或营销，最终实现流量变现。二是"定制"信息，诱导意见气候。资本根据自身需求，对信息进行选择性编辑，调动"水军"或所谓的"意见领袖"，诱导舆论向目标方向发展，使之落入资本的"圈套"。三是采取"高精尖"手段，推动网络舆论扩散。资本利用大数据、行为分析、人工智能、云计算、推进算法等先进技术，扫描舆论热点、感知舆论方向、挖掘舆论痛点，实现话题精准推送，从而塑造特定的舆论并扩大它的影响力。

（3）"低级红""高级黑"需警惕

所谓"低级红"指表面上看似褒扬、支持、鼓励的言语，却体现出了讽刺挖苦、抹黑污化的效果。"低级红"分为两种情况，一种是自认为站在"红"的角度进行无原则的宣传或吹捧，招致舆论反感；另一种是片面解读或歪曲理解党的原则、思想，用无知或极端的态度表达自己的"正义性"，从而引发舆论非议。例如，2013年2月，连霍高速公路发生大桥垮塌事故，造成多人伤亡。一媒体在进行报道时，全文1300字中有1134字是在表扬领导干部辛苦工作，提到了16位领导的名字，却没有出现一位伤亡人员或家属的名字。又如，2018年8月，安徽全椒一干部因晚上洗澡在4分钟内未接省巡视组的电话，被批评工作"不严不实""人浮于事""作风漂浮"，受到党内警告处分。

"高级黑"本质是"两面人""笑里藏刀"做派，通常采取戏谑、无中生有、偷换概念、恶意关联、以偏概全、歪曲事实、恶意解读等手段，制造话题、吸引流量、引发争议。"高级黑"与一般网络舆论的一个明显区别在于形式隐蔽、借题发挥。如戏谑、嘲讽英雄烈士，将腐败说成"改革润滑剂"，讨论疫苗问题和雾霾问题却将它说成"政治之殇"等。

"低级红"和"高级黑"有一定的区别，但又互为联系："低级红"是"高级黑"的一种方式，以"红"为原料，产生一种"黑"的相反效果，既包括无心之失，也有故意为之的情况。

近些年，"低级红""高级黑"现象并不鲜见，极易引发负面舆情，造成不良的社会效果，必须时刻警惕和预防。2019年1月，中共中央印发的《中共中央关于加强党的政治建设的意见》明确指出，要以正确的认识、正确的行动坚决做到"两个维护"，坚决防止和纠正一切偏离"两个维护"的错误言行，不得搞任何形式的"低级红""高级黑"，决不允许对党中央阳奉阴违做两面人、搞两面派、搞"伪忠诚"。

"低级红""高级黑"的传播主体不同，动机也有差异：有的是别有用心者的策划煽动，有的是转型时期社会矛盾的极化引爆，有的表现出党员干部管理能力的不足，有的则源于媒体文化意识和社会责任的欠缺[51]。值得注意的是，"低级红""高级黑"现象与部分党委、政府和党员干部的行为有关。媒体在称赞党委、政府及党员干部活动的报道中，往往下墨太重，矫枉过正，反而容易引发相反效果，有时"褒太过则贬至"。

凡此种种或隐或显，都会产生不小的现实危害。一是以"低级红"的方式误读政策，塑造不负责任的政府形象，丑化社会，引发和加重公众的不信任感。二是以"低级红""高级黑"的方式对社会贫富差距和矛盾进行极端渲染，反复汇聚、叠化、强化社会怨恨，激发公众对社会环境的不安感。三是以"高级黑"的方式偷换概念，混淆视听，片面强化外因、淡化内因，消减社会改革取得的成绩和积极奋斗的意识。四是以"低级红""高级黑"的方式聚焦话题，编纂谣言，放大社会负面不满情绪。

3. 进一步加强网络舆论治理

近年来，我国高度重视网络舆论工作，各级党政机关、企事业单位、机构等纷纷开通微博微信，畅通民意沟通渠道，搭建群众监督平台，及时知民情、解民忧。同时，我国推出一系列营造风清气正的网络空间的行政法规，使得舆情治理效果显著，舆论正向引导力日益增强。我国网络舆论已经发生了明显的、积极的、深刻的变化，党和政府的声音在网上不断聚集壮大，社会主义核心价值观根植网络、深入人心，为大力推进网络强国建设营造了积极有利的网上舆论氛围。但我们依然不能忽视，网络空间的虚拟性、自由性、开放性、交互性使得网络舆论具有多样化、可塑性强、变化性大、影响力广的特点。网络舆论的发生、发展能否被预测，网络舆论对社会治理的影响如何，新时代网络舆论治理怎样转型，都是网络舆论治理工作中需要思考的问题。

（1）充分认识网络舆论的不确定性

网络舆论的不确定性体现在以下两个方面。一是网络舆论主体的身份难以确认，网络舆论难以被预测和控制。互联网为网民提供了一个虚拟的平台。在目前实名制不健全的情况下，网民在网络上留言评论、表达意见往往采用虚拟身份，呈现一对多关联。我们难以准确溯源网民的真实信息，很难实现网民与真实个人的一一对应，更遑论了解躲在舆情背后的"黑手"。二是网络舆论的发展、发酵存在很大的不确定性，舆情反转现象时有发生。网络舆论一般在爆发前具有"无征兆、无准备"的特点。网络热点事件爆发前或处于潜伏期时，很难准确判定其爆发等级和发展方向，更无法预料是否有新的刺激因素介入、以何种方式介入。有些看似普通的事件、简单的新闻报道以及一些局部现象和个别言论，一旦被关注，可通过网络在极短的时间内传遍世界所有角落，成为焦点事件。

只要有网就能发表信息，只要有网就有网络舆论，这无疑增加了网络舆论治理的不确定性。这就给网络舆论溯源和预判带来非常大的难度。我们应该充分认识网络舆论的特点和发展规律。首先，要进一步完善互联网的行为规范，及时做好网络舆论的疏导和引导，大力倡导网络正能量。其次，网络内容纷繁复杂、信息传递一日千里，使得网络舆论无法被精准掌控，很难用传统的方式进行治理。因此，建立网络舆论的监测和研判机制对网络舆论治理至关重要。我们不仅要时刻关注网络舆论，对苗头性、倾向性舆论保持敏感，及时做出预判，更要在网络舆论的发生、发展过程中时刻保持警惕，谨防它的"跑冒滴漏"（"跑"就是其飞速转向，"冒"就是其突发情况，"滴"就是其潜流暗涌，"漏"就是对它的忽略忽视），及时做好研判和应对。

（2）网络舆论影响社会治理

网络舆论无处不在，对政治、经济、民生和社会稳定的影响与日俱增，对社会治理提出了挑战。网络舆论如果处置不当，极有可能引发民众的过激行为，进而对社会稳定构成威胁。特别是近年来，网络舆论高度聚焦反腐、民生、环保、教育等话题，直戳社会治理和政府监管的痛点，引发社会共鸣。部分利益受损群体受到别有用心的人的挑唆，频繁利用网络发起维权聚访，使群体性事件更加难以被有效预防和化解。

随着社会的转型和改革的深化，社会各种矛盾日益显现。网络正成为矛盾集中反映的平台，由此造成的舆情事件借助网络不断地发酵和扩散，撕裂网络舆论场，给政府治理和社会稳定带来负面影响。党委、政府和党员干部要做好以下3个方面的工作。一是要正视网络的"思想汇聚"，主动倾听网络民意、民声，了解社会热点，以及群众集中反映的焦点、痛点问题，及时回应社会关切，充分利用网络舆论化解社会矛盾，缓解民众担忧，推动网络舆论朝着为民、助民、利民的方向发展。二是要充分意识到"网络＋群体性事件"的危害性，妥善处理群体性事件引发的网络舆论。三是要善于分析网络意识形态的特点，发挥网络"意见领袖"的积极作用，宣传主流思想，进一步巩固主流网络意识形态的主导地位。

（3）进一步增强舆情处置观念

思想观念上，很多党委、政府和党员干部片面地认为，网络仅仅是表达意见、发泄情绪的途径，对网络舆论的影响力缺乏足够的重视，往往守着"宽进宽出""严进宽出"的管理思维，怀着"自生自灭""不闻不问""不敢回应"的心态对待网络舆论。有的部门和领导干部仍固守打电话、忙汇报、找领导、等批示的传统工作思路。处置方法上，面对汹涌澎湃的网络舆论，他们往往简单粗暴地采取"鸵鸟政策"和"打压政策"，甚至"撂挑子""放狠话"。部分相关部门首先想到的是"家丑不可外扬"，把"盖子"捂好。这正激发了网络舆论"越堵越发酵、越盖越围观、越跑越'人肉'"的特点，势必造成各种次生舆情。

2014年2月，习近平总书记在中央网络安全和信息化领导小组第一次会议上的讲话中指出，"做好网上舆论工作是一项长期任务，要创新改进网上宣传，运用网络传播规律，弘扬主旋律，激发正能量，大力培育和践行社会主义核心价值观，把握好网上舆论引导的时、度、效，使网络空间清朗起来"。面对网络舆论，党委、政府和党员干部首先要转变思想观念，重视网络舆论对社会治理的影响，勇于担当，采用摆事实、讲道理等方法，坦诚以对、及时回应，切莫"打太极""回避退缩""掩盖真相"。其次，要把握好舆情引导的时、度、效，跟上网络舆论发展的节奏，掌握网络舆论的规律，把控舆情处置的最佳时间和节点。归根结底，我们要努力做到认真学网、真正懂网、正确用网，让舆论更好地促进政府转型，服务经济社会发展。

（二）个人信息保护

随着我国互联网的飞速发展及信息化进程的持续推进，个人信息保护成为社会普遍关心的问题。个人信息保护面临的严峻形势和存在的问题，以及数字经济下对隐私保护问题的权衡，使得个人信息保护面临诸多挑战。

1. 个人信息泄露形势不容乐观

信息技术是把"双刃剑"，它为社会公众生产生活提供便利的同时，也导致个人隐私的泄露现象屡见不鲜。个人信息泄露已经成为民众普遍关注和感到焦虑的问题。个人信息泄露导致的骚扰电话、垃圾短信、电信诈骗、网络消费诈骗等更是让人深恶痛绝。再加上个人信息泄露的违法犯罪成本低、追查难度大，个人信息安全和隐私保护面临挑战。

当前，个人信息泄露存在信息种类多样、涉及领域广泛、泄露源头复杂、作案手段隐蔽的特点，具体表现在以下几个方面。一是受到侵犯的公民个人信息已经从简单的身份信息、电话号码、家庭地址，发展到聊天记录、物理位置、银行账号、贷款信息，涉及的公民信息更为私密。二是遭泄露的公民个人信息涉及金融、电信、教育、医疗、工商、房产、快递等多个部门和行业，几乎涵盖公民衣食住行的所有领域。尤其是第三方支付平台的账号及密码，成为犯罪分子千方百计"狩猎"的对象。三是除黑客入侵窃取、设立钓鱼网站骗取、内部人员泄露之外，还出现了扫号软件、无线窃密等技术，让人防不胜防。四是犯罪分子使用网络电话、虚假身份进行串联，利用 QQ 群、微信、"暗网"等进行信息交换和倒卖，通过虚拟货币进行交易，让打击侵犯个人信息犯罪更加困难。

个人信息泄露日益成为舆论关注的焦点。中国社会科学院发布的《社会心态蓝皮书：中国社会心态研究报告（2019）》显示，绝大多数民众关注网络隐私，33.8% 的民众对目前的个人信息保护不满意。公众对个人信息保护不力的不满情绪正在累积，折射出巨大的集体焦虑感。个人信息的泄露不仅体现在用户数据的非法交易上，还滋生了电信和网络诈骗、社会工程攻击等下游违法犯罪行为，甚至还出现了针对特定用户的"精准攻击"，造成财产损失和人身伤害。单一的个人信息泄露会直接影响到个人隐私、社会交往和经济利益；

局部性、群体性的个人信息泄露有可能导致网络犯罪和社会问题；大规模的个人信息泄露会引起公众恐慌，危及社会稳定；敏感的、跨境的个人信息泄露更关乎国家发展和安全利益[52]。

2. 个人信息保护面临的挑战

（1）个人信息的过度收集和相关的黑色产业链

近年来，互联网公司过度收集用户个人信息的新闻频见报端，充分说明数据是"新时代的石油"。互联网企业深谙，只要找到精准的数据源，具备相当规模的数据量、足够广阔的覆盖面，数据就会产生足够的价值，因此各互联网企业间频频爆发"数据争夺战""数据接入端口战"。民众个人信息沦为各方争抢的"蛋糕"，安全则被选择性忽视。不少网民反映，曾经遭遇过企业利用优势地位强制收集和使用用户信息的行为。例如，部分 App 存在涉嫌过度收集个人信息、位置信息、通信录信息、身份信息、手机号码的情况。互联网企业往往利用用户习惯、捆绑销售、诱导允许、霸王条款等方式，以及采取打擦边球的策略，收集与服务无关的信息。

个人信息蕴藏的价值催生了以个人信息倒卖为主的黑色产业链。2017 年，我国公安机关破获一起特大盗贩公民信息案，在涉案人员的存储介质中，发现约 50 亿条公民个人信息，涉及社交、交通、医疗等多个领域。个人信息也因此被称为黑色产业的"金矿"。这些黑色产业链聚集了黑客、"内鬼"、"清洗者"、"加工者"、条商（中间商）、买家等"专业人士", 不仅人数众多, 而且分工明确, 涵盖了从开发制作、批发零售、实施诈骗到分赃销赃等不同环节, 划分出盗库黑客、电话诈骗经理、短信群发商等多个不同工种, 形成了一套高效运作的机制。个人信息倒卖的过程如图 2-1 所示。目前, 个人信息泄露案件 90% 以上是违法分子通过掌握详细信息进行的"精准施策", 内部监守自盗和黑客攻击则是个人信息泄露的主要渠道[53]。事实上, 内部人员对个人信息的掌握最为全面, 也最容易接触, 往往是不法分子首先"贿赂"的对象。在"黑色产业"市场上, 一条信息不到一分钱, 数十万条信息打包价也就数百元至千元。这在一定程度上造成一种倒卖个人信息成本低、风险小的错误认识。更有内部人士为谋取利益, 主动出卖信息。

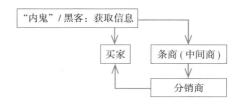

图 2-1　个人信息倒卖的过程

（2）信息保护意识不强

信息保护意识不强也是个人信息泄露的一个重要原因。一方面, 公民对个人信息泄露的严重性缺乏充分的认识, 形成"个人信息泄露无关紧要, 不危及财产安全"的错误观念。例如, 弱口令密码应用于所有账号、见到无线网络就连接、受优惠和促销诱惑就授权给新的应用程序来读取个人信息等现象十分常见。殊不知, 常用信息的经常泄露、不同信息的多次泄露都给不法分子收集个人信息带来了极大的便利。此外, 对个人信息侵权行为采取法律措施, 存在取证难、耗时长、成本高的问题，不少受害者选择沉默或隐忍，这在一定程度上纵容了侵犯个人信息的行为。

另一方面，作为信息收集者和存储者，企业、机构甚至政府部门也存在类似的问题。不同企业和机构对个人信息的保护措施和保护能力存在较大差异，但总体上对个人信息保护的投入和力度小于对网络安全的投入和力度。部分企业和机构甚至主动打起个人信息的主意，干起出售、贩卖的生意，严重损害用户权益。政府部门的个人信息保护意识也有待提高。有的政府部门信息公开过于粗放，导致隐私泄露的事件时有发生。

（3）相关法律法规有待完善

近年来，我国加紧制定有关个人信息保护的政策措施，切实维护公民个人信息安全。我国加强违法违规收集、使用个人信息的专项治理，集中整治个人信息保护方面存在的乱象。例如，2019 年 1 月，中央网信办、工业和信息化部、公安部、市场监管总局联合发布《关于开展 App 违法违规收集使用个人信息专项治理的公告》，要求 App 运营者收集个人信息时要以通俗易懂、简单明了的方式展示个人信息收集使用规则，并经个人信息主体自主选择同意，不得收集与所提供的服务无关的个人信息。我国相关部门研究制定《App 违法违规收集使用个人信息行为认定方法》等文件，为个人信息安全提供制度保障；建立违法违规收集个人信息的举报渠道，对存在严重问题的行为采取约谈、公开曝光、下架等处罚措施，有效保护了公民个人信息安全，维护了人民群众合法权益。

但个人信息保护是一个系统工程，没有"速效药"可寻，必须建立一个完善的保护体系，方能长久有效。我国对公民个人信息的保护多聚焦于个人隐私，而对于隐私信息，也仅仅是发布了间接的、一般的原则性规定。事实上，个人信息已经超越隐私权的范畴，很多个人信息是隐私权无法涵盖的。在司法实践中，个人信息范畴的界定是法院审理侵犯公民个人信息案件时面临的一个难点。例如，有互联网用户谈到无法删除某互联网医疗平台公开发布在网上的医患交流内容，认为其涉嫌侵犯个人隐私。在个人信息保护的落实过程中，针对个人信息的收集、使用、传输、保存、分析等环节的保护机制也不够健全，缺乏具体的实施细节和强制措施。在实际案件中，存在重刑事处罚和行政管理、轻民事权利和民事责任的现象，使得民事主体得不到相应的财产或非财产补偿。

构建完善的法律体系是保护个人信息的关键之举。我国个人信息保护相关规定见于《全国人民代表大会常务委员会关于加强网络信息保护的决定》《电信和互联网用户个人信息保护规定》《电话用户真实身份信息登记规定》《网络安全法》《网络信息内容生态治理规定》等文件和法律当中，尚未形成专门的、成体系的法律规范。但近年来，司法对个人信息的认识和保护正逐步发展完善，加速推进了个人信息保护法的制定。个人信息保护法的出台将实现个人信息保护的法律化、统一化和精细化，为公民个人信息安全撑开法律保护伞。

3. 隐私政策与数字经济的发展

数字经济时代，个人隐私和个人信息保护与数字经济发展密切相关，是数字经济发展的基础。涉及人的活动的数字化，必然涉及对个人信息的收集和使用。例如，电子商务的发展涉及个人信息的收集、挖掘、使用，有的个人隐私甚至也被关联利用。在数字经济发展浪潮中，各国越来越重视个人信息和个人隐私的保护。欧盟《通用数据保护条例》（*General Data Protection Regulation*）对收集、处理个人信息给出了严格的规定。美国也正在逐步完善个人隐私保护立法，与欧盟就"隐私盾"（Privacy Shield）协议[注16]进行了多次审查。数字经济的加速发展带来了对隐私权限的担忧。业界认为强化隐私保护政策可能阻碍数据自由流通，拖慢科技创新。这就反映了一个突出的问题：如何在数据流动和个人信息保护之间寻找平衡。因为数据开发的力度越大，数据流通越频繁，个人信息面临的风险就越大，其利用和保护失衡的现象就愈发严重。我国的个人信息保护机制尚不健全，没有建立国际化的隐私保护政策，无法与欧美相关法规进行对接。在其他国家纷纷加强隐私保护的背景下，我国企业在境外的信息收集、处理将受到限制，势必增加合规成本，不利于中小企业成长。我国"互联网 +"行动计划和"走出去"战略以及"一带一路"倡议实现的过程中，也必然涉及隐私保护问题，这对相关部门提出了新的要求，需要提早谋划布局。

（三）数据安全保障

2017 年 12 月 8 日，十九届中央政治局进行第二次集体学习，习近平总书记强调，"要切实保障国家数据安全。要加强关键信息基础设施安全保护，强化国家关键数据资源保护能力，增强数据安全预警和溯源能力"。2020 年 1 月 17 日召开的中央政法工作会议强调，要把大数据安全作为贯彻总体国家安全观的基础性工程，依法严厉打击侵犯公民隐私、损坏数据安全、窃取数据秘密等违法犯罪活动。数据安全是网络安全的重要内容之一。没有数据安全，网络安全也就无从谈起。本节所讲的数据安全重点聚焦大数据安全、数据恶意利用、跨境数据流动以及由此带来的隐私保护及国家安全风险等问题。

1. 数据安全面临的风险挑战

（1）大数据时代，数据安全风险高企

随着大数据的快速发展，我国已经成为名副其实的数据大国，大数据产业集中爆发，数据体量快速增长，电商大数据的数据量已经达到 EB（1 EB=2^{20} TB）级别。随着国家大数据战略的实施，数字经济获得蓬勃发展，数据体量随之扩容升级，数据市场交易额进一步攀升。大数据作为一种重要的战略资产，已经融入各行各业，由此带来的安全问题也十分突出。

大数据时代，数据安全包含两个层面。第一个层面是大

数据本身的安全，主要体现在防止大规模的数据泄露上。在采集、存储、传输、分析大数据等环节中，从技术安全到管理安全都存在着风险，任何一个环节出现问题都将影响数据的安全[54]。例如，大量个人数据、商业数据、政务数据集中在少数企业手中，被存储在云端，一旦被不法分子获取，将造成严重的数据泄露，影响重大。

第二个层面是大数据中的数据关联带来的安全问题。大数据的作用不仅体现在数据集合的优势上，更重要的是数据集合带来的发现力和洞察力。大数据本身不过是海量的孤立数据组成的一个集合而已，并没有多大的价值，但其反映的趋势却具有丰富的内涵和巨大的价值。基于数据关联这一层面的分析将带来较大的安全隐患。我们所说的数据的关联安全也是数据安全的一种。根据关键基础设施运行、特定行业运营等产生的大量数据以及媒体、网民发表的大量观点，利用大数据分析技术可以分析出一个国家的重要战略情报、社会主流和非主流舆论，这直接关系到国家安全。例如，通过对人口健康数据、基因数据的挖掘可以得出国民身体健康的变化趋势，通过对移动支付数据的挖掘可以得出精准的国民消费等金融数据，通过对文化的大数据分析可以得知国民文化喜好、了解国民的心理和意识等。这些数据的关联分析可能会影响国家各个领域的安全[55]。

（2）数据恶意利用，需引起高度重视

所谓数据恶意利用，主要是指利用所掌握或收集的数据，实施威胁个人、社会、国家的攻击性行为，这会造成重大社会影响，甚至威胁国家安全。如果说数据的关联安全强调的是"量变到质变"的过程和趋势分析，那么数据恶意利用则强调数据的攻击性和利用的恶意性。即便是少量的关键数据被恶意利用，有时也会带来巨大的破坏作用。

数据恶意利用包括两个层面的内容。一是恶意获取并利用关键、重要的数据进行攻击。二是利用社会工程学，对他人心理和思想进行干预和影响。

数据安全方面产生了一个新的趋势，即数据恶意利用会危及社会安全和国家安全。近年来，微软、苹果、亚马逊、IBM 等国外巨头纷纷布局我国市场，设立数据中心或公共服务平台，推出数据业务，这可能带来数据安全风险。例如，我国生物科学研究的数据严重依赖国外数据库，数千太字节的生物学数据存储在国外生物数据中心。这些数据一旦被恶意利用，将危及社会安全和国家安全。我国在这方面需提前布局，谨防数据恶意利用。

（3）跨境数据流动频繁，须维护数据主权

数字贸易在全球范围内加快发展，使得大量数据在不同国家（地区）间频繁跨境流动。跨境数据流动涉及个人、企业和国家（地区），影响重大。大规模、高频率的跨境数据流动，一方面提高了人们的工作生活效率，有力促进了经济全球化，另一方面也为数据传播带来了风险，对政府信息安全、网络安全构成新挑战[56]。在跨境数据流动的过程中，用

户数据遭泄露和滥用成为最常见的问题；跨国公司利用信息安全漏洞收集、挖掘和分析数据，给国家安全带来巨大的风险。各国（地区）出于隐私、安全、商业等因素的考虑，高度重视跨境数据流动，加紧制定跨境数据保护规则。据统计，目前全球有超过 60 个国家和地区提出了数据出境控制的要求[57]。跨境数据流动规则包括两个方面：对数据输出进行管控，如禁止数据的传输范围出境，或者至少要在境内保留副本之后才能跨境传输数据；对数据输入进行规范，如规定境外公司必须将数据存储在境内。两者都属于数据本地化政策的范畴，出发点都是捍卫本国（本地区）的数字利益和数据主权。

我国是贸易自由化和经济全球化的受益者和坚定维护者，支持数据自由流动。但面对跨境数据流动带来的风险，出于维护我国数据主权和国家安全的需要，必须对跨境数据流动进行管理。《网络安全法》第三十七条规定，"关键信息基础设施的运营者在中华人民共和国境内运营中收集和产生的个人信息和重要数据应当在境内存储"。这标志着我国开始基于网络主权原则对跨境数据传输进行立法约束，即跨国公司在我国运营必须依法依规。

2. 对数据安全工作的相关建议

（1）完善数据保护体系，加快立法和安全标准制定

首先，必须高度重视数据安全。当今社会，数据已经成为重要的资产。如何处理好数据共享与隐私、安全与发展的关系，是我们面临的一大挑战。保持好数据共享、隐私保护

和社会发展之间的平衡是构建数据安全新秩序的关键。有专家建议，我国应将数据安全从网络安全当中独立出来，把数据安全列为国家重大战略。国务院 2015 年发布的《促进大数据发展行动纲要》，从国家的高度，提出要健全大数据安全保障体系，强化安全支撑。部门和行业应形成数据安全的共识，加强数据安全自律和监管，打击数据侵犯行为，以促进数据产业发展。

其次，加快数据保护立法进程。 数据保护法律先行。没有法律的硬性约束，难以有效保障数据安全，更无法为数据交流与合作提供法律保障。数据保护已经成为各国立法的重点。英国、法国、德国、西班牙、比利时等国家纷纷制定和出台了数据保护相关法规。我国已经充分认识到数据安全的重要性。我国还发布了多个网络个人信息保护的国家和行业标准，积极开展以数据安全为重点的安全防护检查工作，取得了良好成效。但我国在数据保护立法层面与欧美发达国家相比仍显滞后，这与数据大国的地位不符。随着万物互联、智能联网时代的到来，有关数据安全的法律体系建设将显得更加迫切和重要。

最后，加紧完善数据安全标准。 目前，我国已经着手制定了相关的大数据安全标准。全国信息安全标准化技术委员会发布了《信息安全技术　大数据服务安全能力要求》国家标准，为大数据安全标准化工作提供指导。但数据安全的国家标准仍需进一步完善，行业标准仅限于部分行业，覆盖面有限。面对保护数据安全的迫切需求，我国应以国家标准为大纲，逐渐形成重点行业的数据安全标准和规范体系。

（2）加强政府监管，依法将数据保护措施落实做细

首先，全面贯彻落实《网络安全法》的相关规定。重点治理影响数据安全的痛点、难点和数据泄露顽疾，依法严惩，树立政府切实保障数据安全的良好形象。同时，针对数据安全相关问题进行调研和梳理，及时出台、指导出台国家及行业层面的数据安全管理办法和实施细则，进一步完善《个人信息出境安全评估办法（征求意见稿）》等法律法规、标准规范和相关办法。

其次，加强对网络安全行业、服务提供者的政策宣贯和监督检查。建立网络信息安全评估责任制，特别是要严格落实关键信息基础设施的评估检查，指导企业制定和完善相关规范，确保数据的安全。建议政府牵头，每年发布权威的关键行业数据安全白皮书，以及全年数据安全形势分析报告，全面总结当前及未来数据安全面临的形势和挑战，更好地指导数据安全建设，营造良好的数据安全氛围。

最后，加强对跨境数据流动的监管。对外：依法对跨国企业数据存储和处理、本国企业数据输出进行登记备案；建立境外数据分析公司审查机制和市场准入黑名单制度；制定跨境数据流动的国际管理规则，通过经济、法律、技术等多种途径，建立健全跨境数据取证、域外管辖的国际协调机制。对内：加强数据安全技术建设，保障跨境数据流动全环节安全；建立健全数据等级制度，明确数据界限和分类、使用权

限和存储要求，开展跨境数据流动安全评估；强化国内公司对数据安全性的认识，切实保护国内关键数据资源，严禁关键数据非法输出，对泄露国家核心数据和关键数据资源的公司依法进行惩处。

（3）强化企业责任，提高数据安全意识和管理水平

首先，树立"数据安全无小事"的观念。要对标法律法规、国家标准、行业规范，建立数据安全保护制度和数据泄露应急机制，将数据安全列为企业经营运行的关键来抓，考虑设立首席信息安全官等职位，统筹数据安全管理工作。

其次，加强内部管理和政企协同保障。在内部管理上，建立内部人员数据权限等级制度，加强数据安全培训；规范数据处理流程，明确具体的数据项和敏感分类等级，避免不正当操作导致数据泄露和丢失。在政企协同上，建立政企协同的数据安全技术防护体系，严格防范数据泄露和网络攻击；打通数据流通关键环节，强化政企数据共享，将关键数据纳入监管平台，实现对关键数据的全覆盖和全面监管。最终形成"技、管、人、规"四位一体的数据安全综合保障体系。

（四）关键信息基础设施防护

2016 年 4 月 19 日，习近平总书记在网络安全和信息化工作座谈会上发表讲话指出，"金融、能源、电力、通信、交通等领域的关键信息基础设施是经济社会运行的神经中枢，是网络安全的重中之重，也是可能遭到重点攻击的目标"。

针对关键信息基础设施的网络攻击日益增多，潜在的网络安全威胁不断浮出水面，加强关键信息基础设施的网络安全保障势在必行。

1.关键信息基础设施的定义和分类

国际上有关键基础设施和关键信息基础设施两个概念。关键基础设施包括系统、网络、服务等物理或网络系统和资产。关键信息基础设施则包括信息系统和网络，以及系统中的信息。关键基础设施和关键信息基础设施的边界存在重叠，两者的概念也经常互相交叉使用。通常，关键信息基础设施是指那些一旦遭到破坏、丧失功能或者其数据发生泄露，可能严重危害国家安全、国计民生、公共利益的网络设施和系统。随着信息技术的发展以及关键基础设施网络化和信息化的普及，关键基础设施保护重点从物理保护开始转向网络安全保护，两者的边界逐渐趋同。因此，我国采用关键信息基础设施的概念，是符合这一发展趋势的。

关键信息基础设施是关键基础设施在网络和信息化时代的延伸、拓展，是传统安全向网络信息安全转移的着力点。两者的关键领域和重点保持高度一致，但各自也呈现明显的特点和发展趋势。2013 年美国第 21 号总统令确定了化工、商业设施、通信、关键制造等 16 类关键领域，从民用到军事领域，涵盖面非常广泛。《欧盟关键基础设施保护项目绿皮书》确定了能源、信息通信技术、食品、水资源、健康、金融等 11 类关键领域。我国则将能源、金融、交通、水利、卫生医疗、教育、社保、环境保护、公用事业、电信网、广播电视网、互联网等领域纳入关键信息基础设施的保护范围。

综合相关描述，关键信息基础设施包括以下 4 类：一是政府管理和服务设施，如党政机关、公共管理、应急服务、公用事业等；二是重点行业设施，如商业、能源、金融、卫生医疗、水利交通等；三是信息网络服务设施，如电信网、广播电视网、信息通信等；四是工业制造设施，如化工、国防科工、关键制造、核反应堆等。

2. 我国关键信息基础设施的防护现状

（1）关键信息基础设施法律法规加速出台

党的十八大以来，我国高度重视关键信息基础设施的防护。在国家层面和法律层面均做出了积极的部署，逐步完善制度建设和战略规划。《网络安全法》专设"关键信息基础设施的运行安全"一节，构建起以信息共享为基础，事前预防、事中控制、事后恢复与惩治的关键信息基础设施保护体系；《网络关键设备和网络安全专用产品目录（第一批）》对相关目录的设备和产品做出了强制性要求。2019 年，我国制定发布《云计算服务安全评估办法》，提高党政机关、关键信息基础设施运营者采购使用云计算服务的安全可控水平。2020 年 6 月 1 日，我国正式实施《网络安全审查办法》，建立网络安全审查制度并发挥作用，防范化解关键信息基础设施供应链网络安全风险。关键信息基础设施防护法治建设和制度建设正大踏步前进。

（2）关键信息基础设施防护水平明显提升

近年来，我国不断完善关键信息基础设施防护体系建设，推动关键信息基础设施安全调查，大力提升关键信息基础设施防护水平，筑牢关键信息基础设施安全的防护网络。发布实施《国家网络安全事件应急预案》，从组织机构、监测预警、应急处置、调查评估、预防工作和保障措施等多个方面，提高应对网络安全事件的能力，确保重要敏感信息和关键数据安全。金融、能源、通信、交通等领域的关键信息基础设施防护体系不断完善，防护能力持续增强。全面开展关键信息基础设施安全调查检查，对我国关键信息基础设施分布与底数情况进行摸底调查，查找网络安全隐患，评估网络安全状况，梳理网络安全风险点，建立关键信息基础设施清单，为构建关键信息基础设施安全保障体系奠定坚实的基础。

（3）关键信息基础设施防护仍面临诸多挑战

我国关键信息基础设施防护取得成绩的同时，也面临诸多挑战。根据相关调查，在关键信息基础设施中，金融、交通、能源是最容易遭受网络攻击的 3 个领域。金融领域频发网络安全事件与黑客追求经济利益密切相关；交通领域的网络攻击事件凸显智能交通、车联网等面临的安全威胁；能源领域的网络攻击则更多的是带有政治目的的行为。我国关键信息基础设施虽然没有发生过重大网络攻击事件，但一直是黑客攻击的目标，不得不防。

从内部来看，我国的工控系统、金融系统、能源系统、医疗系统等重大关键信息系统及服务器、数据库严重依赖国外供应，潜在的威胁随时有可能爆发。如果黑客利用这些漏洞发动攻击，将造成严重的数据泄露，甚至安全生产事故。从外部来看，网络空间已经成为各国竞相争夺的领域，是没有硝烟的战场。关键信息基础设施关系国家安全，必然会成为网络攻击的重点。新型恶意软件威胁加剧，勒索攻击、定向攻击成为攻击关键信息基础设施的新模式。新技术的快速发展，既给关键信息基础设施以更多的安全防护，也带来了更大的威胁。黑客利用云计算技术、人工智能可以发动更为复杂的攻击；利用物联网形成的超大规模僵尸网络使得攻击成本不断下降，攻击能力却呈几何级增长。在大量不可预知的安全风险和隐患面前，做好关键信息基础设施安全防护工作不容松懈。

3. 进一步提高关键信息基础设施防护水平

通过近年来的规划和发展，我国关键信息基础设施防护工作扎实推进，防护水平得到明显提高。但关键信息基础设施没有绝对的安全，防护工作需要持续推进。我们必须紧跟网络安全技术发展步伐，从维护国家安全出发，不断加强技术防护和能力建设，推进关键信息基础设施防护能力再上新台阶。

（1）提升关键信息基础设施风险监测和预警能力

网络攻击具有很强的隐蔽性和突发性，事先往往很难预测。特别是网络技术的飞速发展，让攻击行为变得更加复杂、持久，造成的影响更加严重。我们必须要加快构建关键信息基础设施安全保障体系，全天候全方位感知网络安全态势，增强网络安全防御能力和威慑能力。我们必须建立完善的监测和应急响应体系，及时感知攻击事件，并迅速做出反应。关键信息基础设施防护体系至少应该具备 3 方面重要能力：实时监测来自全球的网络攻击行为和主动发现系统漏洞的能力；从传统的"威胁—响应"的被动应急模式向"预警—防护—反制"的主动保护模式转变的能力；数据自动备份和系统恢复的能力。

（2）深入推进关键信息基础设施安全调查和评估

我国地域辽阔，经济发展不均衡，导致关键信息基础设施分布不均。有的关键信息基础设施和数据资源缺乏有效整合；有的防护措施各成体系，防护技术落后、软件升级慢、维护不及时；有的使用未经国家安全认证的产品，防护标准未达到规范要求。我国正在推进关键信息基础设施安全调查和评估工作，但还处在探索起步阶段。各级关键信息基础设施的主管部门、行业组织、企业必须高度重视关键信息基础设施的安全审查工作，认真对待，形成合力。下一步应朝着形成关键信息基础设施分布图及网络安全风险表的方向努力。

（3）完善关键信息基础设施安全评估体系建设

2014 年，美国国家标准与技术研究院发布了《提升关键基础设施网络安全的框架（1.0 版）》，指导组织或机构管理网络安全风险；美国能源部和国土安全部针对关键信息基础设施开发了网络安全能力成熟度模型（C2M2 模型），指导运营者落实美国关键基础设施网络安全框架。如何实现关键信息基础设施安全评估标准体系的统一，建立一套全面的关键信息基础设施的网络安全标准、框架和评估、审查、指导体系，需要重点考虑。我们可以学习、借鉴他国有益的经验和做法，逐步完善关键信息基础设施的网络安全框架、评估标准和体系，制定关键信息基础设施的网络信息安全操作指南，有效指导、管理和规范我国关键信息基础设施的网络防护工作。

第三章

网络空间国际治理

一、全球网络空间安全形势与治理

二、主要国家和组织的网络安全建设实践

习近平主席在第二届世界互联网大会开幕式上指出，互联网让世界变成了"鸡犬之声相闻"的地球村，相隔万里的人们不再"老死不相往来"。互联网跨国界、无边界的特点，使得网络空间成为全人类新的共同家园，也使得网络安全问题日益全球化、国际化。在世界互联网大发展的洪流中，任何一个国家都无法脱离全球互联网的浪潮单独存在，也难以独立应对网络安全问题。国际社会携手合作，共同推动网络空间国际治理体系变革，共同构建和平、安全、开放、合作的网络空间，成为维护全球网络空间和平稳定与健康持续发展的关键所在。

一、全球网络空间安全形势与治理

当前，全球网络空间形势激烈而复杂，网络恐怖主义肆虐，威胁全球各国安全，国际网络军备竞赛加剧了引发网络战争的风险。国际社会围绕网络空间治理呈现竞争与合作相互交织的态势，表现为解决技术问题和应对政治挑战并存的局面。一方面，互联网的开放性、交互性和全球性，决定了全球各国在网络空间治理方面只有合作才能共赢。另一方面，随着网络空间在国家发展和治理中占据越来越重要的地位，网络空间治理主导权的争夺日趋激烈。

（一）全球网络空间安全形势

互联网自 1969 年诞生至今，已经覆盖了全球五大洲的200 多个国家和地区。数字经济已成为世界各国经济增长的一大动力。世界各国纷纷抢占数字经济发展高地，期望利用互联网实现弯道超车。全球网络空间治理向多边共治方向转变，各国之间网络空间治理合作加深。互联网发展一家独大的格局被打破，发展中国家互联网发展后劲十足，在世界互联网发展进程中占据一席之地。

与世界互联网如火如荼的发展相伴的是，国际网络空间安全问题也日益严峻。关键信息基础设施防护、僵尸网络肆虐等问题日渐突出，网络及设备漏洞数量持续上升，网络恐怖主义、网络谣言等快速蔓延，新技术新业务引发的新型网络安全问题让人防不胜防，网络攻击手段复杂化、前沿化……国际网络安全严峻形势不容忽视。

1. 网络安全问题复杂化、快速迭代趋势愈加明显

随着互联网的不断发展变革，网络攻击技术不断更新换代，新型网络安全问题不断进化、异化，网络安全问题防范难度不断增大。总体来看，网络安全问题复杂化、快速迭代，主要体现在以下几个方面。

一是网络攻击形式不断翻新，防不胜防。网络安全防护与黑客攻击之间的网络攻防战激烈程度依然严峻，对很多存在已久的网络安全威胁尚无法做到彻底防御，新的攻击形式已开始造成危害。勒索病毒攻击中，僵尸网络、服务器入侵、网页挂马、系统漏洞等多种手段被大量使用，且攻击手法有不断更新换代之势。当 2018 年就已出现的 ddgs、kerberods 等蠕虫病毒还在网上肆虐的时候，MinerGuard、CryptoSink、

SystemdMiner 等新的蠕虫病毒又开始进行破坏。这些新的蠕虫病毒采用新的入侵、传播和持久化手段进行网络攻击。

二是保护关键信息基础设施任重而道远。针对关键信息基础设施的网络攻击，可严重影响能源、电信、交通、供水、医疗、金融等各种信息系统的正常运转，造成巨大经济损失，甚至造成人员伤亡。近年来，全球范围内针对关键信息基础设施的网络攻击事件不断增长。虽然复杂威胁的攻击者一直紧盯关键信息基础设施，但一般威胁的攻击者更可能使用简单、常用的工具攻击关键信息基础设施。DDoS 攻击、病毒感染等一般性、普遍意义上的攻击，也会对关键信息基础设施造成重大危害。可以说，针对关键信息基础设施发动网络攻击的门槛越来越低，关键信息基础设施面临的风险越来越大。

三是社交网络信息失序化情况严重影响社会稳定。互联网的特点之一是交互性。如今，社交媒体平台已经成为全球网民最主要的活动场所。庞大的社交媒体用户数量已经使社交媒体开始对政府治理、经济发展、社会稳定等各个方面产生深远影响。近年来，美国、英国、德国等多国多次发生利用假新闻传播恐怖袭击、地震、火灾等不实信息引发民众恐慌的事件。社交媒体中假新闻的泛滥凸显了对社交媒体监管的缺失及滞后。美国麻省理工学院传媒实验室的研究人员发布的一份报告显示，假新闻在社交媒体中的传播速度是真实新闻的 6 倍，且假新闻更容易得到转发；与真实新闻相比，假新闻得到转发的概率高达 70%，平均一条假消息的受众人数比真实消息多 35%[58]。假新闻通过在社交网络的快速、大量传播，使社会分歧越演越烈，负面效应日益显现。社交媒体假新闻的失序发展不可被低估。

四是互联网新技术新应用给网络安全治理带来新隐患和新挑战。云计算、物联网、人工智能、区块链等新技术发展突飞猛进，引发了极大的社会变革，但双刃剑效应也越发显现。随着人工智能技术的不断发展，网络犯罪分子利用人工智能技术开发出新的攻击手段，涉及范围更广、危害程度更大。在全球智能制造大发展的国际背景下，世界各国的物联网设备数量呈现指数级增长，针对物联网设备的网络攻击也呈现出不断增加的态势。量子计算可以被用来实现大数据的运算，同时也可被黑客用来攻破高强度的加密信息。

2. 网络安全问题国际化、全球化趋势愈加明显

互联网突破了国界的限制，实现了信息的全球流动，同时也促使了网络安全问题的全球化扩散，很多网络信息安全事件往往具有跨国性、跨境性的特点。

网络犯罪呈现跨国、跨境趋势。近年来，网络犯罪呈现较为明显的跨国、跨境犯罪趋势，网络赌博、网络色情、网络非法交易等网络犯罪为了规避本国（本地区）网络监管，开始利用别国（其他地区）的服务器进行网络跳转，利用全球网络空间"真空地带"进行网络犯罪。犯罪分子在实施网络犯罪的过程中，往往跨越多个国家或地区。由于不同国家或地区对违法犯罪行为有不同的法律规定，警察的执法权也各有不同，跨境网络犯罪活动难以被侦破。跨境网络犯罪主

要呈现以下特点：一是跨境网络犯罪数量呈现扩张之势，犯罪分子利用互联网的全球性，流窜于多国（地区）进行网络犯罪，如 2019 年，新加坡、马来西亚的警方和我国香港及澳门地区的警方联手破获了一个跨境网络诈骗组织，涉案金额达 3000 余万元人民币；二是跨境网络犯罪组织化程度高，通常有跨国集团进行幕后操作，犯罪分子形成专业化、产业化的犯罪联盟；三是网络犯罪手段隐蔽化，犯罪集团为了隐匿真实身份、躲避网络监管，通常将关键服务器设在境外。犯罪分子利用互联网对境内资金进行操控，通过地下钱庄、境外网上银行或虚拟货币流转资金 [59]。

网络恐怖主义呈现全球化趋势。 近年来，互联网的发展为经济社会发展提供强劲推动力的同时，也为恐怖主义的全球化扩散提供了温床。恐怖组织利用网络宣传恐怖主义思想、招募组织人员、传播暴恐技术、募集活动资金、策划恐怖袭击活动，危害巨大。恐怖组织利用互联网方便、快捷的特点，通过互联网实施的网络恐怖主义活动具有以下特征。一是隐蔽性强。恐怖组织的互联网加密意识非常强，使用加密工具和隐匿行踪软件等来加强活动的隐蔽性，甚至自行开发专用加密平台。二是代价小。与传统的恐怖主义活动相比，网络恐怖主义活动不需要花费过多的人力、物力和财力，即可达到恐怖分子想要的破坏效果。三是破坏手段多样。网络恐怖分子会利用互联网开展多种多样的破坏活动，如给目标网站植入病毒，以达到让目标网站瘫痪的目的；侵入计算机系统，获取重要机密信息；篡改、复制或销毁重要信息资源，影响社会活动的稳定运行；利用社交媒体传播虚假信息和谣言，引发社会恐慌等。四是影响范围扩大。一方面，网络恐怖主义分子通过互联网进行全球招募，使得恐怖组织的影响范围扩大至全球；另一方面，网络恐怖主义分子通过互联网传播网络谣言、计算机病毒等来直接影响更多人。五是防范艰难性加剧。恐怖组织通过拉拢或收买等方式吸引专业黑客加入，使恐怖组织的网络攻击技术水平迅速提升。

3. 网络空间军事化、竞赛化趋势愈加明显

随着网络空间威胁的与日俱增，维护本国的网络空间安全已经成为全球各个国家的共识。维护国家网络空间安全本无可厚非，但部分国家不断组建网络部队、扩充网络军备、开发网络武器，使得网络空间向军事化、竞赛化方向发展，破坏了全球网络空间发展和谐有序的秩序。

首先，网络军备竞赛加快了网络空间军事化的步伐。 据不完全统计，全球已有140多个国家正在发展网络作战力量，美国、俄罗斯、欧盟各国等均把网络军事准备上升至国家战略层面，网络战司令部升级、作战部队扩编、网络部队形成作战能力正成为这些国家普遍追求的目标。网络空间的军备竞赛正呈现愈演愈烈之势，这将使国家之间的网络空间对抗加剧。随着各国网络军队的扩建、网络武器的开发，未来各国遭受网络攻击的可能性越来越大，带来的危害性也越来越严重。网络战可能波及现实生活中的各领域，其影响与以往战争相比更加难以估量。

其次，网络武器泄露加剧了网络安全风险。2016 年 8 月 13 日，黑客组织"影子经纪人"入侵了"方程式组织"的计算机系统，获取了十多种重要的网络攻击工具。这些工具能够攻击很多知名公司的网络产品，如思科、飞塔、瞻博网络等公司的网络设备和网络安全产品[60]。2018 年，台积电公司的某个新上线的设备遭遇 WannaCry 勒索病毒变种的感染，导致多条生产线停摆，造成约 17.4 亿元人民币的营收损失。WannaCry 病毒被认为是利用了网络武器"永恒之蓝"工具。网络武器一旦被泄露，会给全球网络空间造成严重后果。万一这些工具被不法分子或反动组织利用，将会对全球各国造成安全隐患。网络武器虽与核战争和大规模杀伤性武器不同，但也是一种对国家安全构成直接威胁的攻击工具。在互联网渐渐与人们生活融为一体的情况下，网络武器的潜在泄露隐患对全球网络空间构成了巨大威胁。

（二）网络空间国际治理体系现状

互联网让世界各国更加紧密地联结在一起，网络空间成为人类生存和国家发展的新空间，网络空间国际治理成为规范全球互联网发展、保障全球网络空间安全的重要议题。目前，网络空间国际治理呈现出多利益攸关方治理和多边主义治理模式共存、网络空间国际治理多主体参与、网络空间国际治理的内容复杂多样等新的、突出的特点。

1. 多利益攸关方治理和多边主义治理模式共存

网络空间的无边界性决定了网络空间治理的全球属性，即任何国家和组织都有权利参与，并提出反映自身利益的诉求和主张。当前，网络空间国际治理进入改革磨合阶段，出现了多种理念和模式。其中，根据互联网发展过程及互联网治理主体的不同，现阶段互联网治理模式可以分为多利益攸关方治理模式和多边主义治理模式两种。

多利益攸关方治理模式是 2003 年在联合国信息社会世界峰会日内瓦会议上提出的，主要解决以 ICANN 为代表的互联网自治模式的缺陷。在 2013 年之前，多利益攸关方治理模式一直是网络空间治理的主流模式。多利益攸关方治理模式强调治理主体的多样性，倡导政府、私营部门、民间团体和国际组织等多利益攸关方共同参与全球互联网治理，以实现多边、透明和民主的治理模式和理念。

多边主义治理模式是 2012 年 12 月在国际电信世界大会上提出的。俄罗斯向大会提交文件，要求在新的《国际电信规则》中增加关于互联网治理的核心内容，加强政府在网络空间治理方面的作用，提升各国政府在互联网资源分配中的权力。多边主义治理模式的实质是多边主义全球治理理念在网络空间治理领域的延伸，主张在联合国框架下建立以国家为治理主体的体系，强调网络空间的国家主权原则，认为国家有权保障数字主权和网络空间的国家安全。

多利益攸关方治理模式和多边主义治理模式的主要区别

在于政府在网络空间治理中的角色不同。多边主义治理模式认为网络空间具有主权属性，政府应是网络空间治理的主体，在整个治理体系中发挥主导作用。多利益攸关方治理模式则认为网络空间治理是各主体平等参与完成的，不同主体在互联网治理中分工不同，各司其职，地位平等，不存在中央权威，不认同政府在治理中的主导作用。实际上，这两种模式在加强互联网治理、维护网络空间安全方面并无本质对立。正如多利益攸关方治理模式倡导的那样，鼓励和允许政府、私人、公民社会等利益攸关方参与全球互联网治理，能够最大限度发挥各方治理的智慧，避免单一主体对互联网治理的垄断以及决策失误。多边主义治理模式由于突出政府在互联网治理中的作用，充分考虑各国互联网发展的实际情况，建立与各国相适应的网络治理体系，提高各国的互联网治理能力，在应对重大网络安全事件、打击网络恐怖主义等方面具有较大的优势，可以有效保障各国在网络空间平等享受互联网发展的权利和红利。

2. 网络空间国际治理多主体参与

互联网的发展让网络空间成为全球公域。由于各方利益诉求不同、发展不一致，网络空间治理出现多主体参与治理的格局。国家行为体和非国家行为体分别从自身角度出发参与网络空间国际治理。

网络空间是国家活动的重要场域，互联网治理是国家现实治理在网络空间的映射。世界多国都高度重视网络空间安全，积极参与网络空间国际治理，确保国家利益在网络空间得到保障。2001 年 10 月，26 个欧盟成员国以及美国、加拿大、日本等 30 个国家在匈牙利布达佩斯共同签署《网络犯罪公约》，这部公约成为世界第一部针对网络犯罪行为所制定的国际公约。巴西近年来在网络空间国际治理方面表现活跃，于 2014 年举办全球互联网治理大会。2018 年 11 月 12 日，法国政府在"巴黎数字周"上发起《巴黎网络空间信任和安全倡议》，提出五项互联网治理目标。

在非国家行为体中，联合国作为全球重要的国际组织，高度重视互联网发展和网络空间治理，设立了国际电信联盟、互联网治理论坛、信息社会世界峰会论坛以及与网络信息安全有关的政府专家组，这些组织在网络空间国际治理中扮演着重要角色。国际电信联盟作为主管信息通信技术事务的联合国机构，吸纳各方利益者参与，是联合国框架下开展网络空间治理的主要平台，在信息通信技术发展、互联网治理等方面发挥了重要的作用。另外，上海合作组织先后多次举办网络反恐联合演习，加强区域网络反恐协作机制，同时在联合国框架内推动《国际安全背景下信息和电信领域的发展》和《防止将信息通信技术用于犯罪目的》等相关决议的落地。亚太经合组织通过《APEC 互联网和数字经济路线图》《亚太示范电子口岸网络（APMEN）2019 年工作计划》《APEC 跨境电子商务便利化框架》等文件，致力于数字经济发展国际合作，分享数字红利。

另外一些非国家行为体，如国际互联网协会、互联网架构委员会、因特网工程任务组、因特网研究专门工作组、国际标准化组织、万维网联盟、互联网运营者联盟、事件响应和安全团队论坛等技术组织或机构，在全球互联网治理中具有举足轻重的作用。此外，越来越多的大型企业开始介入网络空间行为规则的制定。微软推出"立即实现数字和平"计划，呼吁维护网络空间安全，结束网络战。西门子、IBM、荷兰电信等公司共同签署《信任宪章》，携手应对网络安全。

3. 网络空间国际治理的内容复杂多样

随着信息通信技术和互联网技术的发展日新月异，网络空间国际治理所覆盖的内容越来越广泛，从传统的互联网资源分配、标准制定等"硬件"的治理，逐步演化为网络安全、数据安全等"软件"的治理，并日益成为网络空间国际治理的重要议题。网络恐怖主义、网络虚假信息、网络犯罪、网络攻击及威胁数据安全等情况影响网络空间正常秩序，成为网络空间国际治理的重要内容。

近年来，网络恐怖主义在网络空间滋长蔓延，成为网络空间面临的重大威胁。社交媒体的兴起让网络谣言、假新闻、网络侵权等违法行为变得更加普遍，这是需要世界各国共同面对的难题。数字经济的发展将隐私保护和数据安全推向网络空间治理的前沿。与打击网络恐怖主义、治理网络虚假信息、防范网络攻击等成为全球网络空间治理的共识不同，隐私保护和数据安全更多地体现在各国的本地化政策当中，相关规则并未达成一致，因此也成为网络空间国际治理的一大热点。

为积极应对网络空间出现的各种难题和挑战，国际社会积极行动，加强网络空间国际治理。第 68 届联合国大会通过决议，要求各国关注恐怖分子利用互联网等信息技术从事煽动、招募、资助或策划恐怖活动的情况。不少国家将网络虚假信息列入网络空间治理的对象，综合施策，严厉打击。韩国、新加坡、印度等国家高度重视数据保护立法，相继出台相关法案加强个人隐私保护。

与此同时，随着新技术新应用的蓬勃发展，网络空间国际治理也不断面临新的挑战。人工智能、IPv6、推荐算法、区块链、物联网应用等扩大了网络空间的范围，加大了网络空间治理的难度。首先，新技术新应用带来新的网络安全风险，给网络空间治理带来挑战。其次，新技术新应用的发展需要制定新规则进行约束，以维护正常的网络空间秩序。总体而言，新技术新应用主要体现在"新"和"不确定性"上，给人类社会带来新威胁与新挑战，考验着网络空间国际治理方案和模式，迫切需要国际社会共同努力。

二、主要国家和组织的网络安全建设实践

进入 21 世纪，国际网络空间形势风云诡谲，新兴网络安全威胁日益加剧，关键政府部门、关键信息基础设施成为网络攻击的重点目标，网络恐怖主义、网络犯罪也呈蔓延之势。各国政府纷纷将保护网络空间安全作为本国的重大优先事项之一，加强网络安全顶层设计，将网络安全纳入国家安全战略，推进网络安全立法工作，以建立较为完备的网络安全管

理机构，培养网络安全人才，建设本国的网络安全防御体系。各国积极的网络安全建设实践给我国的网络安全保障工作提供了有益借鉴。

（一）制定网络安全战略

随着网络安全问题上升到国家安全层面，越来越多的国家将强化网络空间安全能力提升到战略高度。国际电信联盟（International Telecommunication Union，ITU）公布的《2018年全球网络安全指数报告》显示，截至 2018 年，已有 112 个成员国出台了国家级网络安全战略，占 ITU 成员国总数的58%。美国先后颁布的与网络安全有关的战略性文件多达 40余份。多数欧盟成员国已经制定和公布了本国的网络空间安全战略。在亚太地区，新加坡、日本、韩国、澳大利亚等信息通信技术较为发达的国家和组织也先后出台了本国的网络安全战略（见表 3-1）。

表 3-1 部分国家和组织的网络安全战略

国家和组织	网络安全战略名称	出台时间
美国	美国 5G 安全国家战略	2020 年
	国家网络战略	2018 年
	网络安全战略（2018 版）	2018 年
	网络安全国家行动计划	2016 年
	网络空间战略	2015 年
	网络空间可信身份标志国家战略	2011 年
	网络空间国际战略	2011 年

国家和组织	网络安全战略名称	出台时间
美国	网络空间行动战略	2011 年
	确保网络空间安全的国家战略	2003 年
加拿大	网络安全战略（2018 版）	2018 年
	网络安全战略（2010 版）	2010 年
俄罗斯	俄罗斯联邦信息安全学说（2016 版）	2016 年
	俄罗斯联邦信息安全学说（2000 版）	2000 年
欧盟	欧洲数据战略	2020 年
	欧盟网络安全战略：公开、安全、可靠的网络空间	2013 年
英国	英国数字化战略	2017 年
	英国 2016—2021 年国家网络安全战略	2016 年
	网络安全战略（2011 版）	2011 年
	网络安全战略（2009 版）	2009 年
法国	法国国家数字安全战略	2015 年
	信息系统防御与安全战略	2011 年
德国	网络安全战略（2016 版）	2016 年
	网络安全战略（2011 版）	2011 年
瑞士	瑞士防范网络威胁国家战略	2012 年
西班牙	国家网络安全战略	2013 年
澳大利亚	网络安全战略（2016 版）	2016 年
	网络安全战略（2011 版）	2011 年
日本	网络安全战略	2018 年
	保护国民信息安全战略	2010 年

国家和组织	网络安全战略名称	出台时间
韩国	国家网络安全战略指南	2019 年
	国家网络安全总体规划	2011 年
印度	国家网络安全战略	2013 年
新加坡	网络安全战略	2016 年
	国家网络安全总体规划（2013—2018）	2013 年
	国家网络安全总体规划（2008—2012）	2008 年
	国家网络安全总体规划（2005—2007）	2005 年

1. 美国：从重视自身防御、网络攻防结合到全球网络威慑

20 世纪 80 年代以来，美国政府对网络安全的重视程度不断加强，将网络安全视为国家安全战略的重要组成部分。美国网络安全战略经历了从重视自身防御、网络攻防结合到全球网络威慑的逐步演变，试图为美国构建起一个立体的网络安全战略，也使网络安全成为美国国家安全战略的核心内容之一。

2018 年 5 月，美国发布了一份新的《网络安全战略》，概述了识别和管理国家网络安全风险的方法，以应对美国网络安全和关键信息基础设施安全面临的不断变化的威胁。该战略的愿景是，到 2023 年，美国将通过提升政府网络和关键信息基础设施的安全性和弹性、减少网络违法犯罪活动、提高对网络应急事件的响应能力、加强协同伙伴关系等方式，培育一个更加安全可靠的网络生态，提高国家网络安全风险

管理水平。

2018 年 9 月，美国政府公布了美国《国家网络战略》。战略阐明了美国面临的主要威胁，提出维护美国网络空间利益、应对网络威胁的战略目标与优先政策选项。该战略鲜明地体现"美国优先"的利益诉求，重新确定了网络空间目标的优先秩序，以强化美国对全球网络空间的主导权。

2. 欧洲：从单纯关注数据安全到全面加强顶层设计

欧洲国家的传统网络安全政策以信息数据安全治理为主，注重个人数据和商业数据的保护[61]。2013 年起，欧盟的网络安全治理主动求变，开始加强顶层设计，推进网络安全战略出台。2013 年，欧盟委员会通过了《欧盟网络安全战略》，为建立一个"公开、可靠和安全"的网络空间而重点发展网络防御能力和相关技术。该战略明确了各个利益攸关方的权利与义务，要求各国制定与之配套的战略和制度，成立网络安全专门机构以应对和处理网络威胁和安全事故。近年来，欧洲各国在此基础上纷纷出台本国的网络安全战略。《2018 年全球网络安全指数报告》显示，欧洲地区是已出台网络安全战略的国家数量最多的地区。其中，英国网络安全指数排名全球第一，以较为全面完备的网络安全战略框架和网络安全法律制度领先于其他国家，成为欧洲网络安全顶层设计的代表。

为应对网络空间的安全挑战，英国政府于 2009 年出台了首部国家网络安全战略，并于 2011 年、2016 年根据形势变化发布了两版国家网络安全战略。英国的国家网络安全战略聚焦于维护本国网络安全、提升本国网络安全产业竞争力等方面，以构建安全、可靠与可恢复性强的网络空间，确保英国在网络空间的优势地位，从而促进并实现英国的经济繁荣、国家安全和社会稳定。

2016 年 11 月 1 日，英国政府发布了《英国 2016—2021 年国家网络安全战略》，明确了接下来 5 年内的网络安全的愿景目标以及行动方案。该战略提出，英国 2021 年的网络安全愿景是"让英国成为安全、能应对网络威胁的国家，在数字世界繁荣而自信"。为实现这一愿景，该战略提出了三大目标，即防御、遏制和开发。该战略还提出了与目标相对应的具体措施，包括：英国将发展全球合作伙伴关系；政府积极地干预，加大投资力度，继续支持市场力量以提高网络安全水平；开发、应用主动网络防御措施；设立国家网络安全中心作为网络安全领导机构；增强武装部队的网络韧性，使之具备网络防御能力；提升网络攻击应对能力，具备应对网络攻击的各种手段；设立网络创新中心，推动尖端网络产品的技术研发；投资 19 亿英镑以显著改善英国网络安全状况。与 2009 年、2011 年这两版战略提出的愿景目标相比，2016 年版战略的愿景更加宏大和自信，三大目标之一的"遏制"也是首次提出 [62]。

3. 亚太地区：网络安全顶层设计进展不一

亚太地区各国由于发展不均衡，网络安全防御和应急能力普遍较为薄弱。为应对网络安全威胁，近年来亚太各国纷纷加强顶层设计，出台网络安全战略，但进展各不相同。其中，新加坡和澳大利亚两国以积极的网络安全战略全面统筹网络安全工作，网络安全指数名列亚太地区前茅。

新加坡长期以来积极致力于提升网络安全水平，早在2005年就发布了第一份国家级网络安全规划[63]。2016年10月，新加坡正式发布最新的《网络安全战略》，统筹规划网络安全建设，提出四大战略目标：建设具备较强适应性的基础设施，政府将与运营商和安全机构加强合作，建立统一协调的网络风险管理和应急响应流程；创造更加安全的网络空间，提升网络技术的安全性和可信性，推出应对网络犯罪的相关措施，推动新加坡成为可信数据中心；开发具有活力的网络安全系统，加强人才培养和技能培训，推进产学研联动发展；加强网络安全国际合作，特别是深化与东盟国家的合作，积极在全球网络安全治理中开展网络规范、政策和立法工作。

同在2016年，澳大利亚也推出了新版《国家网络安全战略》，内容涵盖33个网络安全计划，投入资金达2.311亿澳元。2017年，澳大利亚对该战略予以修订，重点关注打击网络犯罪、联合业界提高物联网设备安全性、降低政府IT系统的供应链风险等。该战略确立了澳大利亚2016—2020年网络安全行动的5个主题：全国性的网络合作、稳固的网络防御能力、全球性责任及影响、发展与创新、网络智能国家[64]。该战略还提出，政府将加速推出联合网络安全中心计划，采取措施帮助中小企业提高网络安全能力与防护水平。

（二）完善网络安全法规

随着网络安全威胁的日益加剧，各国针对网络安全领域的立法也呈加速态势。虽然各国的立法进程各不相同，立法内容各有特色，但立法的重点高度趋同。除了不断加强顶层设计、推动出台网络安全领域基本性法律之外，各国还针对关键信息基础设施保护、个人信息保护等重点领域积极制定专门法律。

1. 加强顶层设计，出台网络安全基本法

目前，美国、日本、新加坡等国均已专门针对网络安全出台基本性法律，从法律角度确立网络安全的定义、政策方针、各方职责等，为网络安全制度建设提供了基本法律保障（见表3-2）。2014年12月，美国颁布《网络安全加强法案》，该法案成为指导美国网络安全工作的新的综合性法案。该法案提出建立持续自愿的公私合作伙伴关系，以提高网络安全水平，加强网络安全研发，培养网络安全人才，开展网络安全教育，提升公众网络安全意识等[65]。2014年11月，日本颁布《网络安全基本法》明确了网络安全的法律定义，确立了网络安全政策的基本原则、基本方针，决定建立网络安全战略总部，描述了政府、地方政府和其他利益相关方的网络安全责任。新加坡2018年2月颁布的《网络安全法案》确立了四大关键目标：加强关键信息基础设施保护，应对网络攻击；授权网络安全局对网络威胁予以预防，对网络安全事件予以应对；建立网络安全信息共享框架；建立网络安全服务提供

商的轻触式授权框架。越南于 2018 年 6 月颁布了《网络安全法》，旨在保护线上权利，创建安全健康的网络空间。乌克兰 2017 年 10 月颁布了 45 号法案《网络安全基本原则法案》。该法案定义了关键信息基础设施；确立网络安全的根本原则；规划了国家网络安全体系；明确了乌克兰计算机应急响应小组的任务；确立了网络安全主体及其责任；规定网络安全工作的目标为采取措施防止网络被用于军事、情报、恐怖活动和其他非法犯罪目的，识别和应对网络攻击，减轻网络攻击影响等。此外，2019 年，欧盟正式实施《网络安全法案》，该法案成为欧盟的网络安全基本法律。该法案对欧盟网络和信息安全局的职能和任务重新进行定位，指定欧盟网络和信息安全局为永久性的欧盟网络安全职能机构；为信息和通信技术等产品创建一个欧洲网络安全认证框架。俄罗斯、加拿大也分别出台了《联邦信息、信息技术和信息保护法》《信息安全法》，作为保护本国网络与信息安全的基本法 [65]。

表 3-2 一些国家的网络安全基本法

国家	法案名称	颁布时间
美国	2014 年网络安全加强法案	2014 年 12 月
	2015 年网络安全法案	2015 年 12 月
西班牙	网络安全法典	2016 年 7 月 （2017 年 9 月修订）
意大利	国家网络安全保护和 ICT 安全战略指南法令	2013 年 1 月
丹麦	1567 号法案：网络和信息安全法案	2015 年 12 月

国家	法案名称	颁布时间
爱沙尼亚	电子通信法案	2005 年 1 月 （2015 年 7 月修订）
俄罗斯	276 号联邦法案：联邦信息、信息技术和信息保护法修订案	2017 年 7 月
乌克兰	45 号法案：网络安全基本原则法案	2017 年 10 月
日本	网络安全基本法	2014 年 11 月
新加坡	网络安全法案	2018 年 2 月
老挝	信息通信技术法案	2016 年 11 月
越南	网络安全法	2018 年 6 月

2. 重视关键信息基础设施保护

近年来，关键信息基础设施的战略地位日益凸显，各国相关的立法工作加紧推进，以期提升关键信息基础设施整体安全水平。美国在关键信息基础设施立法方面走在世界前列，已出台了《1996 年国家信息基础设施保护法案》《2001 年关键基础设施保护法案》《2002 年关键基础设施信息法案》《2014 年联邦信息安全现代化法案》《2014 年网络安全加强法案》《2014 年国家网络安全保护法案》等多部相关法案[66]。这些法案的内容主要包括定义作为保护对象的关键信息基础设施，明确关键信息基础设施保护范围及责任部门、协调机构，加强信息共享、标准制定、教育培训等。此外，美国还通过由总统签署的、具有法律效力的行政令和总统令的形式来规定关键信息基础设施保护的具体内容。韩国于 2001 年出台了

《信息与通信基础设施保护法》，该法案后经多次修订，成为韩国关键信息与通信基础设施保护领域内的主要法案。该法案规定了关键信息与通信基础设施的相关管理机构及职责、保护措施、指导方针及保护计划，建立了包括关键信息与通信基础设施的认定、脆弱性分析与评估、信息共享与分析等一系列制度[66]。德国于 2016 年 4 月出台了《基于〈联邦信息技术安全法〉的关键基础设施法案》，在《联邦信息技术安全法》的指导下规定了对关键信息基础设施的保护。

3. 重视个人信息保护

2013 年起，各国的网络信息安全立法开始更加注重数据安全，并将个人信息保护作为立法重点之一，立法内容包括禁止拦截和窃取个人数据、对个人数据保存和处理予以安全保护等（见表 3-3）。美国于 2016 年 7 月修订了《电子通信隐私法案》，进一步禁止未经授权的窃听、数据访问和留存。加拿大于 2015 年出台了《个人信息保护与电子文件法案》，要求企业保留违反个人信息保护规定的所有记录。澳大利亚于 2017 年修订了《119 号隐私法案》，规定了个人信息应如何处理，确立了 13 项隐私基本原则等。韩国于 2011 年 3 月出台了《个人信息保护法案》，旨在保护个人隐私安全，防止未经授权的信息收集、泄露、滥用和误用。欧盟先后于 1995 年、2002 年、2006 年分别通过了《数据保护指令》《隐私与电子通信指令》《数据留存指令》，为欧盟个人数据保护法律体系奠定了基础。随后，遵循欧盟的要求，法国、德国、荷兰、西班牙、瑞典、意大利、比利时、匈牙利、希腊等欧盟成员国普遍制定实施了保护个人数据信息的相关法律，重点明确了个人数据保护的基本原则，以及对个人数据进行留存、处理、使用的安全保护要求[65]。

表 3-3　一些国家的个人信息保护法案

国家	法案名称	颁布时间
美国	电子通信隐私法案	2016 年 7 月
加拿大	个人信息保护与电子文件法案	2015 年 6 月
秘鲁	29733 号法案：个人数据保护法	2011 年 7 月
墨西哥	个人隐私数据保护法	2010 年 7 月
爱尔兰	数据保护法修订案	2003 年 4 月
德国	联邦数据保护法案	2017 年修订
比利时	个人数据处理相关隐私保护法	2014 年 7 月
荷兰	个人数据保护法案	2012 年 2 月
挪威	个人数据法案	2000 年 4 月
韩国	个人信息保护法案	2011 年 3 月
马来西亚	2010 年个人数据保护法案	2010 年 6 月
澳大利亚	119 号隐私法案	2017 年 2 月修订

（三）设立网络安全机构

为更有效地加强国家网络安全工作，各国政府纷纷建立专门的管理组织机构，构建了权责明确、协同联动的互联网管理体系。例如，美国的网络安全机构结构复杂，司法、安全、行政、军事、情报等部门相互协调；欧盟设立独立网络安全机构，指导成员国网络安全工作。

1. 美国

美国的网络安全机构层级严密，结构复杂，涉及司法、安全、行政、军事、情报等部门。相关部门各司其职，共同维护网络安全。2013 年 3 月，美国众议院国土安全委员会召开听证会，明确了相关部门的工作职责：司法部负责牵头调查，国土安全部负责保护，国防部负责防御。司法部下属的联邦调查局负责对网络犯罪取证、调查，同时负责国内网络威胁情报的收集、分析，对网络安全事件提供支持，协助调查网络威胁。国土安全部负责保护关键信息基础设施，协调应对网络安全事件，负责网络威胁的信息共享和漏洞分析。国防部负责保护国家网络和军事系统不受攻击，收集国外网络威胁情报，对网络安全事件的处理提供支持等。

其中，国土安全部下属的国家保护和计划管理局成立于 2007 年，负责应对物理和网络基础设施的威胁。2018 年 11 月，美国出台了《2018 年网络安全与基础设施安全局法案》，将国家保护和计划管理局重组升级为网络安全与基础设施安全局。该机构成为国土安全部在保护国家物理、网络关键基础设施和关键资源免受攻击的主要领导部门，并负责收集共享网络安全信息。网络安全与基础设施安全局下属的网络安全司主要负责保护联邦政府网络".gov"域名网站安全、与私营企业合作提升关键网络的安全水平。网络安全与基础设施安全局下属的国家网络安全和通信整合中心是网络防御的关键部门，负责"7×24 h"的网络态势感知与网络事件响应、分析和管理，是联邦政府、情报机构、执法机构的国家网络和通信集成联盟[67]。

2. 欧洲

多数欧洲国家已经设立专门的网络安全机构，负责本国网络信息安全事务，以应对网络攻击、降低网络安全风险、保障信息和数据安全为主要职责，例如英国设有国家网络安全中心，法国设有网络和信息安全局，德国设有网络安全创新局和国家网络防御中心等。此外，欧盟设有独立的网络与信息安全局，为欧盟成员国提供网络安全建议和支持。

欧盟网络与信息安全局成立于2004年，是一个独立的欧盟政府机构，对欧盟委员会及欧盟成员国负责，主要从事提供网络安全建议、支持政策的制定和实施、协调欧盟成员国与网络信息安全企业合作等工作。它的主要任务是收集适当的信息，分析当前和潜在的网络信息安全领域存在的问题，并把分析结果提供给各成员国和欧洲理事会[61]。2019年6月实施的欧盟《网络安全法》更新了网络与信息安全局的职责，规定网络与信息安全局将获得处理欧盟网络安全事务的永久性授权，其职责包括推动欧盟境内网络信息安全政策法规的制定、提升欧盟及成员国的网络安全能力、促进欧盟境内网络安全信息的共享、促进欧盟境内的网络安全合作、提供网络安全认证等[68]。

英国国家网络安全中心成立于2017年，隶属于英国情报机构政府通信总部，为英国网络安全官方机构。英国国家网络安全中心主要负责通过提升网络恢复能力来降低网络安全风险，具体包括：降低英国的网络安全风险；有效应对网络事件并减少损失；了解网络安全环境，共享信息并解决系统漏洞问题；增强英国的网络安全能力，并在重要的国家网络安全问题上提供指导。英国国家网络安全中心由 3 个网络安全组织合并而成，分别是网络评估中心、英国计算机应急响应小组和政府通信总部的通信电子安全小组，此外它也涉及国家基础设施保护中心网络方面的业务（见图 3-1）。

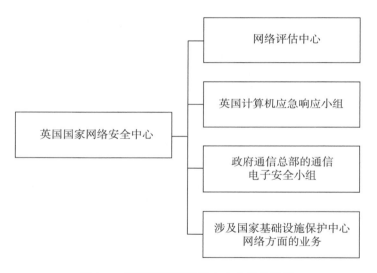

图 3-1　英国国家网络安全中心组建说明

法国对网络安全负主要责任的机构包括网络和信息安全局、国家信息系统安全局，前者是独立的行政机构，后者是跨部门的协调机构。网络和信息安全局成立于 2009 年，隶属于国防部，其主要职责包括：对敏感的政府信息进行全天候的监视，发现并查明网络攻击，对网络攻击做出早期反应，实施和落实恰当的防御机制；通过支持政府实体和经济行为者开发可信产品和服务的方式来防止威胁；为政府实体和关键信息基础设施经营者提供可靠的建议和支持；运用积极的沟通政策和策略，向公司和公众提供有关安全威胁和相关防护方式的信息。该机构下设 24 小时网络防卫中心，负责对重要行政机关的网络安全警戒，并对信息攻击来源进行侦查。同样成立于 2009 年的国家信息系统安全局，前身为法国国防部网络和信息安全中心，是一个跨部门的协调机构。它的主要职责是：推动法国信息技术的发展，致力于建立起一个可信的网络空间；指导法国的网络安全研究，通过由政府高级官员组成的专业委员会向国家提供战略建议[69]。该机构下设信息系统安全运营中心，负责对网络威胁进行分析、识别当前系统和工具的漏洞、研究和应对受到的网络攻击、采取紧急整改措施。

德国网络安全机构以发展独立自主的网络安全技术、应对网络攻击威胁为主要目标，包括网络安全创新局、国家网络防御中心、网络安全理事会等。德国网络安全创新局成立于 2018 年，旨在进一步加强网络安全领域能力建设，并发展本国的网络武器，以摆脱对美国等国家的网络技术依赖。该机构关注民用技术在军事领域的潜在应用，启动了基础研究和开发原型；举办创新竞赛，与企业和科学家开展网络安全合作。德国国家网络防御中心成立于 2011 年，是联邦信息安全办公室的下属机构，主要职责是监测和评估网络攻击，制定应对战略，保护政府部门、经济部门等关键基础设施网络安全。此外，德国网络安全理事会是网络安全协调机构，成立于2011年，负责协调各政府部门的网络信息安全合作，并加强政府与经济领域各部门之间的网络安全合作。该机构每年召开3次会议，联邦总理府、外交部、国防部、经济部、司法部、财政部、教研部以及部分联邦州代表与会参与讨论，此外，德国工业联合会，德国工商总会，德国信息经济、电信和新媒体协会等机构也派代表出席该会议。

3. 亚太地区

与欧美国家相比，亚太地区各国的网络安全机构建设起步相对较晚。2015—2018年，日本、新加坡、澳大利亚等国纷纷建立了本国的网络安全机构，统筹本国的网络安全事务。

日本网络安全战略总部成立于2015年，负责加强监视未经授权的网络访问，为受网络攻击的部门提供应对措施。同年，日本设立了内阁网络安全中心，它是日本内阁的下属机构。该中心由2005年设置的内阁官房信息安全中心升级而成，是日本政府网络安全领域情报归口管理单位，具有"为保障网络安全而收集相关情报、对网络安全事件进行调查并提供相关情报"的职能。

新加坡网络安全局成立于2018年。该国的《网络安全法案》授权网络安全局管理和应对网络安全威胁的职责。该机构是在整合原有的政府部门资源的基础上建立的，负责统筹管理网络安全事务，加强对提供基本服务的计算机系统的保护，防范网络攻击；研究国家网络安全策略，制定和监督网络安全政策实施；监管网络安全产业的发展。

澳大利亚网络安全中心成立于2014年，负责指导企业进行网络安全防御，开展民意调查，评估网络安全行为的成熟度[64]。它下属的部门包括犯罪委员会、联邦警察署、安全情报机构、信号局、网络应急小组和国防情报机构。政府通过网络安全中心与企业共享威胁信息，集中力量抗击复杂的网络安全威胁。

（四）培养网络安全人才

网络安全人才肩负着保护网络空间安全的重任。网络安全人才培养已经成为各国网络空间战略布局中的重要组成部分。美国、日本、英国、澳大利亚等国家都推出了国家级网络安全人才培养计划，建设了系统的网络安全人才培养体系，从加强统筹协调、完善学历教育、强化在职培训等各方面强化网络安全人才培养。

1. 美国的国家网络空间安全教育计划

美国高度重视网络安全人才培养工作，重点部署网络信息安全常识普及、正规学历教育、职业化培训认证三方面的工作。2010年4月，美国启动了"国家网络空间安全教育计划"（National Initiative for Cybersecurity Education，NICE），开展了系统化、规范化的网络安全人才培养工作。该计划由美国商务部国家标准与技术研究院牵头，国土安全部、国防部、教育部等十余个政府部门共同参与，协调了政、产、学、研、用各利益相关方，实现了网络安全人才培养工作的有序推进[70]。

2011年9月，《NICE网络空间安全人才队伍框架（草案）》公布。2014年，美国正式公布2.0版本的《NICE网络空间安全人才队伍框架》。NICE计划主要面向3类人群：对于公众，提升其网络安全意识；对于在校学生，加强教育，构建一支网络安全储备的力量；对于从业人员，持续提升其能力水平，完成美国网络空间安全保障任务。2016年，美国公布了新版的《NICE战略规划》，包括加快学习和技能的开发、培养多样化的学习群体、指导职业发展和人才队伍规划三大目标。2018年8月，NICE计划在原"高校工作组""竞赛工作组""K12工作组""培训认证组""人力管理工作组"5个工作组的基础上，设立了一个新的"学徒制工作组"，探索利用学徒制和联合教育培养项目，快速培养一支学习和工作并重的队伍，应对从业人员网络安全技能短缺的问题。

2. 日本的网络安全人才培养计划

为应对严峻的网络安全形势，2016年3月，日本政府正式发布"网络安全人才培养计划"，主要内容是在接下来的4年内培养近千名专家，提升本国的网络安全保障能力。根据计划，日本政府从2017年起对网络安全领域的职员给予收入上的优待。该计划还要求中央政府各部门制定培养项目，设立"网络安全与信息化审议官"一职，以统管人才培养等工作。计划规定，原则上要把优秀职员派遣至监控针对政府的网络攻击的内阁网络安全中心或民营企业，由他们承担网络安全的相关工作[71]。

3. 英国的“网络发现”计划

英国重视青少年网络安全技能培养，认为网络安全教育"要从娃娃抓起"。2017年，英国政府启动了一项鼓励青少年参与的网络安全在线培训项目——"网络发现"（Cyber Discovery）计划。该计划按照《英国2016—2021年国家网络安全战略》部署的"网络优先"（Cyber First）技能计划制定实施，已投资2000万英镑。截至2019年，已有超过4.6万名14~18岁的青少年参与了"网络发现"计划。该项目通过互动游戏，让青少年认识网络安全，并以轻松和有趣的方式学习网络安全技能；表现优异者将有机会参加一个特殊的夏令营来锻炼他们的技能，与行业领袖会面。该计划教学的主题包括数字取证、防御网络攻击和加密等。

4. 澳大利亚的网络安全人才行动计划

2016年公布的澳大利亚《网络安全战略》第5项目标即建设国家网络安全人才队伍，"使澳大利亚国民具备网络安全知识和技能，以实现国家在数字时代的繁荣发展"。按照该战略的要求，澳大利亚制定了网络安全人才行动计划。该计划联合澳大利亚政府、企业、教育机构以及研究机构，在全国开展网络安全人才建设工作。具体措施包括：在大学建立网络安全学术卓越中心；确保信息通信技术领域的资质均包含网络安全技能；从管理层开始为人才队伍中各层级人员提供培训项目，提高其网络安全知识和技能水平；在学校持续开展针对网络安全职业所需核心技能的培养活动；研究、应对女性在网络安全事业中参与度低的问题；提升政府每年开展的澳大利亚网络安全挑战赛的规模，使其成为覆盖面更广的竞赛兼技能培养活动。此外，该计划还汇聚各方力量和资源，在公、私领域促进网络安全意识提升活动的发展；开展"保持智能在线"（Stay Smart Online）网络安全宣传周活动，为提升公民网络安全意识加强与其他国家的合作[72]。

（五）建设网络安全系统

各国在维护网络安全方面，除了战略立法、机构建设和人才培养以外，还特别重视技术手段建设。美国、日本等国家在21世纪初就已经着手建设网络安全系统，公开披露了多项网络安全计划，并已经形成体系和规模，积累了丰富的实战经验。

1. 美国的"爱因斯坦计划"（EINSTEIN）

美国国家网络空间安全保护系统（The National Cybersecurity Protection System，NCPS)，俗称"爱因斯坦计划"，是由美国国土安全部负责设计和运行的旨在协助联邦政府机构应对信息安全威胁的一套工具集。该系统赋予美国国土安全部为联邦政府机构提供4种网络相关服务的能力，包括入侵检测、入侵防御、解析和信息共享[73]。"爱因斯坦计划"在部署阶段的详细内容见表3-4。

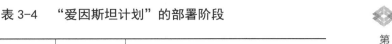

表 3-4 "爱因斯坦计划"的部署阶段

代号	部署时间	目标	描述
爱因斯坦 1	2003 年	入侵检测	通过在美国政府机构的互联网出口部署传感器,形成一套自动化采集、关联和分析传感器抓取的网络流量信息的流程
爱因斯坦 2	2009 年	入侵检测	对美国联邦政府机构的互联网连接进行监测,跟预置的特定已知恶意行为的签名进行对比,一旦匹配上就向 US-CERT 发出告警
爱因斯坦 3 (E^{3}A)	2013 年	入侵检测 入侵防御	自动对进出联邦政府机构的恶意流量进行阻断。这是依靠网络服务提供商来实现的。网络服务提供商部署了入侵防御和基于威胁的决策判定机制,并使用美国国土安全部开发的工具来进行恶意行为的识别

第 1 阶段(爱因斯坦 1)开始于 2003 年,本质是入侵检测系统,主要任务是监听、分析、共享安全信息,特点是信息采集。第 2 阶段(爱因斯坦 2)于 2008 年起实施,2009 年正式部署,在原来对异常行为分析的基础上增加了对恶意行为的分析能力,本质上依然是入侵检测系统,特点是被动响应。第 3 阶段(爱因斯坦 3)的入侵防御系统于 2010 年开始设计,用以识别和阻止网络攻击,计划在 2018 年覆盖所有联邦行政机构。2013 年,美国国土安全部部署新方案,使网络服务提供商使用商业技术为联邦政府机构提供入侵防御安全服务,

该方案被称为 EINSTEIN 3 Accelerated (E^3A)。

2. 日本互联网定点观察系统（ISDAS）

日本互联网定点观察系统（Internet Scan Data Acquisition System，ISDAS）是一个流量监测系统，提供 TCP、UDP、ICMP 端口扫描的月度、年度曲线图。日本计算机网络应急技术处理协调中心（JPCERT/CC）于 2003 年开始在日本境内网络提供商的关键节点广泛部署分布式的传感器，以随时监测互联网上的流量和内容异常，第一时间发现网络上的攻击行为。监测到的信息供 JPCERT/CC 与其他 CERT 组织进行合作分析，并作为 JPCERT/CC 发布预警与建议的依据。

第四章

不断提高网络安全保障能力

一、深入学习习近平总书记关于网络强国的重要思想

二、集中统一多措并举推动网络安全工作

面对互联网带来的发展机遇、网络安全带来的多重挑战，党的十八大以来，以习近平同志为核心的党中央高度重视网络安全工作，提出了一系列新理念新思想新战略，形成了习近平总书记关于网络强国的重要思想。在习近平总书记关于网络强国的重要思想指引下，我国的网络安全工作取得跨越式发展，顶层设计日趋完善，管理手段日益丰富，技术支撑能力不断提高，网络空间愈加清朗。未来，随着互联网技术的不断发展演进，网络安全面临的不确定因素将更多，风险挑战将更大。对于广大党员干部而言，要深入学习贯彻习近平总书记关于网络强国的重要思想，树立正确的网络安全观，切实重视网络安全、学习网络安全、保障网络安全，推动我国的网络安全水平不断提升。

一、深入学习习近平总书记关于网络强国的重要思想

习近平总书记关于网络强国的重要思想是广大党员干部认识网络安全、理解网络安全的根本遵循，是开展网络安全工作的切实指导，对于加强网络安全工作，统筹推进网络安全和信息化建设，实现网络强国的伟大目标，具有十分重要的现实和指导意义。2018年，在全国网络安全和信息化工作会议上，习近平总书记明确指出，要树立正确的网络安全观。党员干部切实提高网络安全保障能力的根本是要学习习近平总书记关于网络强国的重要思想，关键是要树立正确的网络安全观。

（一）把握指导网信工作的重要内容

习近平总书记关于网络强国的重要思想是在全面总结我国建网、管网、治网的实践与思考，客观分析互联网发展大势的基础上形成的，具有鲜明的时代特征、突出的实践特色，为网络强国建设指明了前进方向。

1. 坚持党对网信工作的集中统一领导

在党的十九大报告中，习近平总书记指出，"党政军民学，东西南北中，党是领导一切的"。中国特色社会主义最本质的特征是中国共产党领导，中国特色社会主义制度的最大优势是中国共产党领导。坚持党中央的集中统一领导，是中国共产党在长期的革命、建设和改革的实践过程中形成的优良传统和独特政治优势。我国网信事业发展的实践也充分表明，加强党的集中统一领导，把网信工作放到党和国家事业全局中来谋划，是推动网信事业发展的根本政治保证。

坚持党对网信工作的集中统一领导，必须高举中国特色社会主义伟大旗帜，以习近平新时代中国特色社会主义思想为指引，不断增强政治意识、大局意识、核心意识、看齐意识，自觉在思想上政治上行动上与党中央保持高度一致。要把网信事业发展融入"五位一体"总体布局和"四个全面"战略布局，在重大原则、重大问题上坚决贯彻党中央决策部署，不断增强党把方向、谋大局、定政策、促改革的能力与定力，确保党在网信事业发展中始终总揽全局、协调各方。

坚持党对网信工作的集中统一领导，要压实各级党委、政府的责任，强化工作落实。各级党委、政府要严格按照党中央的要求，按照谁主管谁负责的原则，以高度的政治责任感和使命感把各项工作要求抓细、抓牢、抓实，形成一级抓一级、一级带一级的良好工作局面。要坚持系统性谋划、综合性治理、体系化推进，逐步建立起涵盖领导管理、正能量传播、内容管控、社会协同、网络法治、技术治网等各方面的网络综合治理体系，全方位提升网络综合治理能力。

坚持党对网信工作的集中统一领导，要打造一支过硬的网信干部人才队伍。互联网管理是一项政治性极强的工作，讲政治是对网信部门第一位的要求。要旗帜鲜明讲政治，把政治建设摆在首位，确保网信队伍始终坚持正确的政治方向。要把"讲政治、懂网络、敢担当、善创新"作为选人用人的重要标准，为网信事业发展提供坚强的组织和队伍保障。

2. 坚持以人民为中心的发展思想

在全国网络安全和信息化工作会议上，习近平总书记指出，"网信事业发展必须贯彻以人民为中心的发展思想，把增进人民福祉作为信息化发展的出发点和落脚点，让人民群众在信息化发展中有更多获得感、幸福感、安全感"。坚持以人民为中心，是新时代坚持和发展中国特色社会主义的基本方略之一，也是做好网信工作必须始终坚持的价值核心。

坚持以人民为中心的发展思想，要深刻把握社会主要矛盾变化在网信领域的表现。党的十九大报告指出：中国特色社会主义进入新时代，我国社会主要矛盾已经转化为人民日益增长的美好生活需要和不平衡不充分的发展之间的矛盾。从网信领域来看，一方面，虽然我国的网信事业发展取得举世瞩目的成就，但互联网发展不平衡、不充分的问题依然存在，仍有不少人口未能充分享受互联网发展带来的"红利"。另一方面，人民群众对网信发展的需求逐渐提升，已经从低水平的"用得上、用得起"转为更高水平的"用得好、用得放心"，对健康、便捷、安全的网络服务需求越来越强烈。

坚持以人民为中心的发展思想，要让互联网发展成果惠及更多人口，让互联网成为惠国利民、造福于众的重要力量。要加快网络基础设施建设，加大信息资源共享，大力降低网络应用成本，让人民群众更有满足感。要广泛搭建"互联网＋教育""互联网＋医疗""互联网＋文化"等信息服务平台，促进网络公共服务均等化，让人民群众更有获得感。要加强对网络空间中低俗、有害、虚假、欺诈等信息的治理，营造网络生态的"绿水青山"，让人民群众更有幸福感。要加强防范各类网上安全风险，加大各类网络违法犯罪行为的整治打击力度，让人民群众更有安全感。要坚持人民导向和群众路线，建好网上连心桥，充分调动人民群众参与网络发展和网络治理的积极性、主动性、创造性，自觉接受人民群众对互联网的监督。

3. 用新发展理念引领网信事业发展

党的十八大以来，习近平总书记顺应时代和实践发展的新形势、新要求，提出了创新、协调、绿色、开放、共享的新发展理念。新发展理念既是引领我国发展全局的重要遵循，也是我国网信事业发展的根本之路。2016 年，在网络安全和信息化工作座谈会上，习近平总书记强调，按照创新、协调、绿色、开放、共享的发展理念推动我国经济社会发展，是当前和今后一个时期我国发展的总要求和大趋势，我国网信事业发展要适应这个大趋势，在践行新发展理念上先行一步，推进网络强国建设，推进我国网信事业发展，让互联网更好造福国家和人民。

要坚持创新发展。当今时代，互联网是创新最活跃、应用最广泛、辐射带动作用最大的创新领域和竞争高地。要始终把创新摆在首要位置，推动体制创新、理念创新、技术创新、应用创新，为信息化发展提供不竭动力。要紧紧牵住核心技术自主创新这个"牛鼻子"，在基础技术、通用技术、非对称技术、"杀手锏"技术、前沿技术、颠覆性技术上超前部署、集中攻关，争取实现我国互联网技术从跟跑并跑到并跑领跑的转变。

要坚持协调发展。当前，我国地区之间、城乡之间网信发展不平衡、不协调的问题仍然存在。要树立协调发展理念，着力消除"数字鸿沟"，缩小地域差距，实现网信事业均衡、全面发展。要打破各地区、各部门、各行业的利益藩篱，加强相互之间配合协作，在统筹推进"五位一体"总体布局、协调推进"四个全面"的战略布局中，实现网信事业的最大发展。

要坚持绿色发展。绿色发展，要求互联网自身形成绿色的发展方式，成为绿色、环保、高效的行业发展典范。绿色发展，要求不断弘扬主旋律，传播正能量，有效净化网络环境，建设风清气正的网络空间。绿色发展，要求充分利用互联网催化带动能力，积极利用互联网提高全社会的资源和能源利用效率，大幅降低全社会的运行成本，推动社会绿色发展、低碳发展、循环发展。

要坚持开放发展。开放是互联网的本质特征。互联网打开了各国开放的大门，让世界变成了"鸡犬之声相闻"的地球村。要正确处理开放与自主的关系，积极学习借鉴世界各国的先进经验和技术成果，主动参与国际互联网交流与合作，努力把握和引领国际互联网发展趋势，推动互联网造福于全人类。

要坚持共享发展。让广大人民群众共享改革发展成果，体现了社会主义制度的优越性。对于网信事业而言，服务社会、惠及民生是整个事业发展的出发点和落脚点。要努力构建信息服务体系，让互联网发展更好地服务经济、服务社会、服务民生。要推动互联网走进千家万户、服务千家万户，让互联网发展成果惠及更多的普通百姓。

4. 推进网络空间法治化

在庆祝澳门回归祖国十五周年大会暨澳门特别行政区第四届政府就职典礼上的讲话中，习近平总书记指出，"人类社会发展的事实证明，依法治理是最可靠、最稳定的治理。要善于运用法治思维和法治方式进行治理"。党的十八大以来，以习近平同志为核心的党中央高度重视依法治国，将全面依法治国纳入"四个全面"战略布局，作出一系列重大决策部署，确立了到 2035 年把我国基本建成法治国家、法治政府、法治社会的宏伟目标。

对于互联网而言，网络空间并不是法外之地，也不应该是法外之地。网络行为背后是实实在在的现实行为，网络空间同样应受到现实法律的管理和制约。2015 年，在第二届世界互联网大会开幕式上的讲话中，习近平主席指出，我们既要尊重网民交流思想、表达意愿的权利，也要依法构建良好网络秩序，这有利于保障广大网民合法权益。要坚持依法治网、依法办网、依法上网，让互联网在法治轨道上健康运行。通过法治手段治网、办网、上网，是促进和保障互联网快速健康发展的根本手段，是推进国家治理体系和治理能力现代化的重要方面。

推进网络空间法治化，除了加强立法和执法工作，还应加强网络文明体系的构建、网络法治精神的弘扬。要加快推进网络法治文化建设，加强法治教育宣传，强化人民群众的法治意识。要让人民群众从内心对网络空间法治化认可、崇尚和遵循，积极主动地遵守网络相关法律。要促进积极网络文化的生产、丰富和发展，推动优秀内容在网络空间的广泛传播，强化人民群众的网络文明意识。

5. 树立正确的网络安全观

在 2018 年召开的全国网络安全和信息化工作会议上，习近平总书记指出，"没有网络安全就没有国家安全，就没有经济社会稳定运行，广大人民群众利益也难以得到保障"。当今时代，互联网已经与政治、经济、军事、文化等各个领域深度融合，成为整个社会正常有效运转的关键中枢，深刻影响着人民群众的日常生产生活、国家社会的繁荣稳定和发展。与此同时，网络安全问题也相伴而生。个人信息泄露、网络暴力、网络色情、网络攻击等网络安全事件层出不穷，网络安全已经成为我国面临的最复杂、最现实、最严峻的非传统安全问题之一。维护网络安全要树立正确的网络安全观。对于如何学习、理解和树立正确的网络安全观，本书将在下一节进行系统全面的阐述。

6. 构建网络空间命运共同体

网络空间是全人类共同的家园，对人类社会的生存与发展具有重要而深远的影响。在第二届世界互联网大会开幕式上，习近平主席指出，各国应该加强沟通、扩大共识、深化合作，共同构建网络空间命运共同体。习近平主席在大会上提出的推进全球互联网治理体系变革的"四项原则"和构建网络空间命运共同体的"五点主张"，成为全球网络空间治理的中国方案、中国理念。

"四项原则"是指尊重网络主权、维护和平安全、促进开放合作、构建良好秩序。"五点主张"包括：加快全球网络基础设施建设，促进互联互通；打造网上文化交流共享平台，促进交流互鉴；推动网络经济创新发展，促进共同繁荣；

保障网络安全，促进有序发展；构建互联网治理体系，促进公平正义。网络空间命运共同体是对人类命运共同体的深化，秉承了中国始终走和平发展道路，始终做世界和平的建设者、全球发展的贡献者、国际秩序的维护者的发展原则。"四项原则"和"五点主张"全面阐述了我国关于国际网络空间发展和安全的基本立场，为全球互联网治理提出了中国思想、分享了中国经验、贡献了中国智慧，体现了中国作为负责任大国的担当。"网络空间命运共同体"这一理念，以及"四项原则"和"五点主张"正被越来越多的国家所认可和接受，成为推动网络空间国际治理体系变革的重要力量。

（二）树立正确的网络安全观

习近平总书记关于网络强国的重要思想立足国际国内网络安全和信息化发展全局，深刻阐述了网络安全和信息化工作需要把握的重要原则和辩证关系，为学习、理解和树立正确的网络安全观提供了根本遵循。

1. 明确推进网络强国建设的目标

党的十八大以来，习近平总书记在一系列重要讲话中系统论述了建设网络强国的重要意义和目标。习近平总书记指出，"当今世界，网络信息技术日新月异，全面融入社会生产生活，深刻改变着全球经济格局、利益格局、安全格局。世界主要国家都把互联网作为经济发展、技术创新的重点，把互联网作为谋求竞争新优势的战略方向"（2016年十八届中央政治局就实施网络强国战略进行的第三十六次集体学习）；"信息化为中华民族带来了千载难逢的机遇。我们必须敏锐抓住信息化发展的历史机遇，加强网上正面宣传，维护网络安全，推动信息领域核心技术突破，发挥信息化对经济社会发展的引领作用，加强网信领域军民融合，主动参与网络空间国际治理进程，自主创新推进网络强国建设，为决胜全面建成小康社会、夺取新时代中国特色社会主义伟大胜利、实现中华民族伟大复兴的中国梦作出新的贡献"（2018年全国网络安全和信息化工作会议）。习近平总书记的这些重要论述深刻阐明了互联网在经济社会发展和综合国力竞争中的重要作用，揭示了建设网络强国在实现"两个一百年"奋斗目标、实现中华民族伟大复兴中的重要意义。

做好网络安全工作，根本目的是建设网络强国，根本依靠是建设网络强国。党的十八届五中全会通过的"十三五"规划（建议），明确提出实施网络强国战略。可以说，建设网络强国，离不开网络安全；维护网络安全，离不开网络强国建设。

实现网络安全是网络强国建设的重要目标。2014 年，在中央网络安全和信息化领导小组第一次会议上，习近平总书记的讲话清晰指出，实现网络安全是网络强国建设的重要目标。安全和发展构成了网络强国的两大支柱。只有不断提高网络安全保障能力，网络强国建设才能不断推进、纵深发展。

建设网络强国是实现网络安全的根本途径。习近平总书记在中央网络安全和信息化领导小组第一次会议上强调，建设网络强国，要有自己的技术，有过硬的技术；要有丰富全面的信息服务，繁荣发展的网络文化；要有良好的信息基础设施，形成实力雄厚的信息经济；要有高素质的网络安全和信息化人才队伍；要积极开展双边、多边的互联网国际交流合作。习近平总书记的讲话全面总结了网络强国建设的内涵与要求。技术、人才、产业等网络强国建设的多个要素，是实现网络安全的重要保障、关键支撑。只有建设好网络强国，网络安全才能够实现。

2. 把握"两个事关"和"两个没有"的重大判断

2014 年，在中央网络安全和信息化领导小组第一次会议上，习近平总书记指出，网络安全和信息化是事关国家安全和国家发展、事关广大人民群众工作生活的重大战略问题，要从国际国内大势出发，总体布局，统筹各方，创新发展，努力把我国建设成为网络强国。习近平总书记还指出，没有网络安全就没有国家安全，没有信息化就没有现代化。习近平总书记关于网络安全和信息化的"两个事关"和"两个没有"重要判断，深刻揭示了加强网络安全和信息化工作的极端重要性和异常紧迫性。

深入理解"两个事关"和"两个没有"，需要准确把握维护网络安全和加快推进信息化的关系。习近平总书记在一系列重要讲话中，对于二者的辩证关系作了精辟论述。在中央网络安全和信息化领导小组第一次会议上，习近平总书记指出，"网络安全和信息化是一体之两翼、驱动之双轮，必须统一谋划、统一部署、统一推进、统一实施"。"一体之两翼、驱动之双轮"，生动形象地阐明了网络安全和信息化之间的关系，为我们正确理解、处理二者的关系提供了指导和遵循。安全和发展不是相互割裂、相互分离的，而是相辅相成、彼此统一的。安全是发展的前提，发展是安全的保障，安全和发展要同步推进。互联网发展到现在，我们既要充分肯定其对经济社会各领域的促进和带动作用，也要正视其带来的安全问题和风险。这就要求我们在抓住机遇，在大力推进产业发展和信息化建设的同时，必须切实加强网络安全管理，坚持以安全保发展、以发展促安全，做到协调一致、齐头并进。只有将网络安全和信息化紧密结合起来，才能发挥"1+1 > 2"的效应，才能加快建设网络强国的步伐。

3. 处理好安全和发展、开放和自主、管理和服务的关系

习近平总书记在 2016 年召开的网络安全和信息化工作座谈会上总结我国互联网事业发展经验时指出，"对互联网来说，我国虽然是后来者，接入国际互联网只有 20 多年，但我们正确处理安全和发展、开放和自主、管理和服务的关系，推动互联网发展取得令人瞩目的成就"。然而，虽然我国网络信息技术和网络安全保障取得了不小的成绩，但同世界先进水平相比，还有很大差距，还有很长的路要走。习近平总书记在 2016 年 10 月 9 日十八届中央政治局进行第三十六次集体学习时强调，"各级领导干部要学网、懂网、用网，积极谋划、

推动、引导互联网发展。要正确处理安全和发展、开放和自主、管理和服务的关系，不断提高对互联网规律的把握能力、对网络舆论的引导能力、对信息化发展的驾驭能力、对网络安全的保障能力，把网络强国建设不断推向前进"。

互联网自诞生以来，迅猛发展，深刻改变了人类的行为和经济社会的运行方式。特别是在中国，互联网更是展现出其强大的渗透力和影响力。CNNIC 的统计数据显示，我国的互联网普及率已超过 60%。以互联网为代表的数字技术正在快速地与经济社会各领域深度融合，成为促进我国消费升级、经济社会转型、构建国家竞争新优势的重要推动力 [37]。网络信息服务朝着扩大网络覆盖范围、提升速度、降低费用的方向发展。交通出行、环保、金融、医疗、家电等领域与互联网的融合程度加深，互联网服务呈现智慧化和精细化的特点。

互联网在带来便利和发展的同时，也不可避免地带来威胁和挑战，应对这些威胁和挑战成为国家治理的重要课题。面对互联网这一蓬勃发展的事物，广大党员干部不能因循守旧、故步自封，而应以前瞻的视野、全局的考量、科学的认识，来理解、运用和发展互联网。2018 年 4 月，在全国网络安全和信息化工作会议上，习近平总书记强调，"各地区各部门要高度重视网信工作，将其纳入重点工作计划和重要议事日程，及时解决新情况新问题"。广大党员干部要主动学习互联网发展规律，顺应互联网发展趋势，坚持依法治理、趋利避害。各级党委、政府要坚持以人民为中心的发展理念，正确处理好安全和发展、开放和自主、管理和服务的关系，推动互联网更好地服务群众、造福人民，让亿万人民在共享互联网发展成果上有更多的获得感。

4. 坚持网络安全的五大观念

在 2016 年召开的网络安全和信息化工作座谈会上，习近平总书记强调，要树立正确的网络安全观，并提出了网络安全要坚持的五大观念，即网络安全是整体的而不是割裂的，是动态的而不是静态的，是开放的而不是封闭的，是相对的而不是绝对的，是共同的而不是孤立的。

网络安全是整体的而不是割裂的。当前，网络安全已成为关乎国家主权、国家利益、国家安全的重大问题，在总体国家安全观中占有日益重要的地位。可以说，网络已经深入国家政治、经济、社会、文化等各个方面。"网络安全对国家安全牵一发而动全身，同许多其他方面的安全都有着密切关系。"

网络安全是动态的而不是静态的。互联网技术的发展日新月异，网络漏洞、网络攻击、网络渗透等网络威胁和安全风险更是层出不穷、花样翻新。做好网络安全工作不能指望一劳永逸，一旦停滞不前，甚至仅仅是慢下来，就将成为没有守门员的球门。做好网络安全工作，也不能仅仅依靠几个安全设备和安全软件，而是要树立动态、综合的防护理念。

网络安全是开放的而不是封闭的。开放是互联网的固有属性，一封了之、一关了之并不能从根本上解决安全问题。

要深化开放，坚持走出去，积极推动互联网国际合作。对于核心技术，既要坚持自主创新，也要强化开放吸收。"只有立足开放环境，加强对外交流、合作、互动、博弈，吸收先进技术，网络安全水平才会不断提高。"

网络安全是相对的而不是绝对的。安全是一个状态而不是一个结果，安全是相对的，不安全是绝对的，没有绝对的安全。"没有绝对安全，要立足基本国情保安全，避免不计成本追求绝对安全，那样不仅会背上沉重负担，甚至可能顾此失彼。"我们追求的是适度安全，是有利于发展的可持续安全，要做到安全和发展统一谋划，同步推进。

网络安全是共同的而不是孤立的。互联网连着我们每一个人，关系着整个社会的方方面面。网络安全也事关我们每一个人、每一个组织机构。"网络安全为人民，网络安全靠人民，维护网络安全是全社会共同责任，需要政府、企业、社会组织、广大网民共同参与，共筑网络安全防线。"

二、集中统一多措并举推动网络安全工作

持续加强网络安全支撑能力建设，推动网络空间清朗清明，需要打造多措并举、多方参与的网络安全保障体系。

（一）加强网络安全顶层设计

党的十八大以来，我国不断加强网络安全领域的顶层设计，持续完善网络安全相关体制机制。2014 年 2 月 27 日，

习近平总书记主持召开中央网络安全和信息化领导小组第一次会议，中央网络安全和信息化领导小组正式宣告成立。领导小组的主要职责是：着眼国家安全和长远发展，统筹协调涉及经济、政治、文化、社会及军事等各个领域的网络安全和信息化重大问题，研究制定网络安全和信息化发展战略、宏观规划和重大政策，推动国家网络安全和信息化法治建设，不断增强安全保障能力。

我国的网络管理体制由于诸多原因，一直存在着"九龙治水"的问题。习近平总书记在对十八届三中全会通过的《中共中央关于全面深化改革若干重大问题的决定》的说明中明确表示，"面对互联网技术和应用飞速发展，现行管理体制存在明显弊端，主要是多头管理、职能交叉、权责不一、效率不高。同时，随着互联网媒体属性越来越强，网上媒体管理和产业管理远远跟不上形势发展变化"。对此，《中共中央关于全面深化改革若干重大问题的决定》明确提出，要坚持积极利用、科学发展、依法管理、确保安全的方针，加大依法管理网络力度，完善互联网管理领导体制。中央网络安全和信息化领导小组的成立便是落实十八届三中全会精神的重大举措，是我国网络安全和信息化管理体制机制的深刻变革，标志着我国网络安全和信息化发展进入一个新的历史阶段。

2018年3月，中共中央印发了《深化党和国家机构改革方案》。该方案称，为加强党中央对涉及党和国家事业全局的重大工作的集中统一领导，强化决策和统筹协调职责，将中央全面深化改革领导小组、中央网络安全和信息化领导小组、中央财经领导小组、中央外事工作领导小组分别改为中央全面深化改革委员会、中央网络安全和信息化委员会、中央财经委员会、中央外事工作委员会，负责相关领域重大工作的顶层设计、总体布局、统筹协调、整体推进、督促落实。中央网络安全和信息化领导小组由此升格为中央网络安全和信息化委员会，标志着网络安全管理工作格局更加成熟。

在完善网络安全和信息化管理体制机制的基础上，我国不断制定相关战略政策，完善网络安全法律体系。2016 年 12 月 27 日，经中央网络安全和信息化领导小组批准，国家互联网信息办公室发布《国家网络空间安全战略》，阐明了我国关于网络空间发展和安全的重大立场和主张，明确了网络空间安全的战略方针和主要任务，它是指导国家网络安全工作的纲领性文件。《国家网络空间安全战略》明确指出，国家网络空间安全工作的战略任务是坚定捍卫网络空间主权、坚决维护国家安全、保护关键信息基础设施、加强网络文化建设、打击网络恐怖和违法犯罪、完善网络治理体系、夯实网络安全基础、提升网络空间防护能力、强化网络空间国际合作等 9 个方面。2017 年 3 月 1 日，外交部和国家互联网信息办公室共同发布了《网络空间国际合作战略》。这是我国就网络问题第一次发布国际战略，全面宣示了我国在网络领域的对外政策理念，系统阐释了我国参与网络空间国际合作的基本原则、战略目标和行动计划。

近年来，我国持续强化依法管网治网力度，一系列法律法规和管理政策相继出台。其中，《网络安全法》的出台是网络安全法制建设历程中的重要里程碑。2016 年 11 月 7 日，第十二届全国人民代表大会常务委员会第二十四次会议通过《网络安全法》。《网络安全法》是贯彻落实总体国家安全观，适应网络安全工作新形势、新任务，推动网络安全工作深入发展的重大举措。《网络安全法》作为我国网络安全领域的第一部专门性、综合性、基础性法律，它的出台有助于我国网络安全法律体系的不断完善，对于维护国家安全、网络安全，促进经济社会信息化健康发展具有重要意义。

《网络安全法》一共 7 章 79 条，包括总则、网络安全支持与促进、网络运行安全、网络信息安全、监测预警与应急处置、法律责任，以及附则。《网络安全法》体现了三大基本原则，分别是网络空间主权原则、网络安全与信息化发展并重原则、共同治理原则。《网络安全法》着眼于当前和未来事关网络安全的关键环节、突出问题，进行了一系列法律规定和制度设计，重点包括建立和完善国家网络安全基础制度架构、确立关键信息基础设施保护体系、确定关键信息基础设施重要数据跨境传输规则、实行国家安全审查、明确网络运营者的义务、加强个人信息保护、明确和完善违反法律的后果、明确境外主体责任并追责等 8 个关键问题。

《网络安全法》出台后，我国的网络安全法制建设进一步提速。《中华人民共和国电子商务法》《中华人民共和国密码法》先后经全国人大常委会审议通过。最高人民法院、最高人民检察院等部门先后出台了《关于办理利用信息网络实施黑恶势力犯罪刑事案件若干问题的意见》《最高人民法

院 最高人民检察院关于办理非法利用信息网络、帮助信息网络犯罪活动等刑事案件适用法律若干问题的解释》等司法解释。国家互联网信息办公室、工业和信息化部等部门相继制定或出台了一系列重要的配套规定（见表 4-1），这些规定成为《网络安全法》贯彻落实的重要抓手。

表 4-1 《网络安全法》部分配套规定

文件名称	发布机构	生效时间
网络安全和服务安全审查办法（试行）	国家互联网信息办公室	2017 年 6 月 1 日
互联网信息内容管理行政执法程序规定	国家互联网信息办公室	2017 年 6 月 1 日
互联网新闻信息服务管理规定	国家互联网信息办公室	2017 年 6 月 1 日
工业控制系统信息安全防护能力评估工作管理办法	工业和信息化部	2017 年 9 月 1 日
互联网跟帖评论服务管理规定	国家互联网信息办公室	2017 年 10 月 1 日
互联网论坛社区服务管理规定	国家互联网信息办公室	2017 年 10 月 1 日
互联网群组信息服务管理规定	国家互联网信息办公室	2017 年 10 月 8 日
互联网用户公众账号信息服务管理规定	国家互联网信息办公室	2017 年 10 月 8 日
互联网域名管理办法	工业和信息化部	2017 年 11 月 1 日
互联网新闻信息服务单位内容管理从业人员管理办法	国家互联网信息办公室	2017 年 12 月 1 日

网络安全保障能力研究

文件名称	发布机构	生效时间
互联网新闻信息服务新技术新应用安全评估管理规定	国家互联网信息办公室	2017 年 12 月 1 日
公共互联网网络安全威胁监测与处置办法	工业和信息化部	2018 年 1 月 1 日
微博客信息服务管理规定	国家互联网信息办公室	2018 年 3 月 20 日
具有舆论属性或社会动员能力的互联网信息服务安全评估规定	国家互联网信息办公室	2018 年 11 月 30 日
金融信息服务管理规定	国家互联网信息办公室	2019 年 2 月 1 日
区块链信息服务管理规定	国家互联网信息办公室	2019 年 2 月 15 日
云计算服务安全评估办法	国家互联网信息办公室、国家发展和改革委员会、工业和信息化部、财政部	2019 年 9 月 1 日
儿童个人信息网络保护规定	国家互联网信息办公室	2019 年 10 月 1 日
网络音视频信息服务管理规定	国家互联网信息办公室、文化和旅游部、国家广播电视总局	2020 年 1 月 1 日
网络信息内容生态治理规定	国家互联网信息办公室	2020 年 3 月 1 日

文件名称	发布机构	生效时间
网络安全审查办法	国家互联网信息办公室、国家发展和改革委员会、工业和信息化部、公安部、国家安全部、财政部、商务部、中国人民银行、国家市场监督管理总局、国家广播电视总局、国家保密局、国家密码管理局	2020 年 6 月 1 日

（二）强化网络空间环境治理

2016 年，在网络安全和信息化工作座谈会上，习近平总书记强调，"我们要本着对社会负责、对人民负责的态度，依法加强网络空间治理，加强网络内容建设，做强网上正面宣传，培育积极健康、向上向善的网络文化，用社会主义核心价值观和人类优秀文明成果滋养人心、滋养社会，做到正能量充沛、主旋律高昂，为广大网民特别是青少年营造一个风清气正的网络空间"。近年来，中央宣传部和国家互联网信息办公室、工业和信息化部、公安部、全国"扫黄打非"工作小组办公室等单位不断强化监管责任，协调联动，重拳出击，针对重点领域、重点问题开展一系列专项行动，持续整治网络谣言、打击网络犯罪，网络传播秩序愈加规范，网络环境愈加清朗，网络治理取得明显成效。

自 2005 年起，国家版权局、国家互联网信息办公室等有关部门联合开展了"剑网"行动，打击网络侵权盗版行为。2005 年以来，"剑网"行动针对网络侵权的热点问题，实施重点监管、分类规范，先后开展了网络视频、网络音乐、网络转载、网络云存储空间、网络文学、网络广告联盟等领域的版权专项整治，有效打击和震慑了侵权盗版行为，改变了网络视频、网络音乐、网络文学等领域版权混乱的局面，网络版权秩序明显好转。

自 2013 年起，全国"扫黄打非"工作小组办公室与相关单位联合开展"秋风"行动，集中打击非法报刊、非法网络报刊、非法报刊机构和假记者，规范新闻出版广播影视传播秩序。重点开展网上假新闻和新闻敲诈问题专项整治，查处了一批违法违规典型；开展网络敲诈、"黑公关"专项治理，关闭了一批假冒新闻网站，立案调查了多起"黑公关"案件及有偿删帖案。

从 2014 年开始，全国"扫黄打非"工作小组办公室、国家互联网信息办公室、工业和信息化部、公安部等单位在全国范围内统一开展"净网"行动，对网络直播、短视频、"两微一端"、电商平台、网络游戏、网络文学等领域进行集中整治，持续净化网络空间。"净网"行动通过强化司法打击、行政管理、行业规范、道德约束等多种手段，有力打击了网络违法犯罪行为，切实维护了人民群众的切身利益。

自 2015 年起，全国"扫黄打非"工作小组办公室、国家互联网信息办公室等联合开展"护苗"行动，针对淫秽色情、暴力、恐怖、残酷、迷信等有害少年儿童身心健康的信息进行全面清理，努力为青少年营造健康安全的网络环境。此外，坚持打防并举，组织开展"绿书签"系列宣传教育活动，引导青少年绿色阅读、文明上网，自觉远离和抵制有害出版物和信息。同时，针对损害未成年人身心健康的有害信息传播问题，构建集政府监管、企业自律、基层参与于一体的"护苗"综合安全体系，推进涉儿童低俗、色情、暴力网络信息长效监管机制落实。

在开展一系列专项行动的同时，相关部门针对通信信息诈骗、个人信息泄漏等事关民众切身利益的违法行为进行强力整治和打击，有力维护民众切身利益。针对通信信息诈骗，建立国务院打击治理电信网络新型违法犯罪工作部际联席会议制度，强化跨部门综合协同治理，从开展技术升级、打击团伙犯罪、堵住资金流等 3 个方面实行重点突破，取得较好成效。针对个人信息泄露问题，相关部门多措并举，不断加大对个人信息的保护力度。在法律制度方面，自 2017 年 6 月 1 日起施行的《网络安全法》规定了公民个人信息保护的基本法律制度。在加强数据安全监管方面，相关部门持续开展数据安全监督检查，发现和整改了大量安全漏洞和隐患，处理了大量用户个人信息泄露事件，并对侵犯个人信息犯罪行为加大打击力度。

与此同时，相关部门充分运用约谈整改、行政处罚、公开曝光等警示教育手段，依法加大对各类网络平台的监管执法力度，对网上各类违法行为形成有力震慑。相关部门不断强化网站主体责任，强化行业自律。建立网络信息巡查机制和公众举报平台，及时清理违法违规信息。督促互联网企业落实内容安全主体责任和社会责任，要求企业加大对妨碍未成年人健康成长等有害内容的清理整治力度，共同营造清朗的网络空间。

（三）提升网络安全支撑能力

近年来，我国不断完善网络安全支撑体系，增强网络安全技术实力，持续提升网络安全保障能力，着力提高网络基础设施，特别是关键信息基础设施的安全防护水平，网络安全保障水平显著提升。具体举措如下。

全面开展网络基础设施防护工作。网络基础设施是网络强国建设的基石，我国不断加大投入，推动网络基础设施全面普及。尤其是党的十八大以后，国务院及工业和信息化部先后制定"宽带中国"战略，推进"光进铜退"工程、"网络提速降费"等政策的实施，我国已建成全球最大的固定网络和移动网络。为维护和提升网络基础设施和业务系统安全防护水平，工业和信息化部制定和下发了《通信网络安全防护管理办法》，以及通信网络安全防护系列标准，开展网络基础设施摸底工作，全面梳理网络设施和信息系统，并针对关键网络设施和重要信息系统强化监督抽查、整改落实。

强化关键信息基础设施防护。党的十八大以来，我国不断深入推进关键信息基础设施安全防护工作，明确关键信息基础设施范围及负责保护的工作部门，建立健全安全保护责任制，建立起关键信息基础设施安全保护制度。特别是《网络安全法》专门设立了"关键信息基础设施运行安全"一节，为保障关键信息基础设施运行提供了法律保障和支持。相关部门在全国范围内多次组织开展关键信息基础设施的网络安全检查和隐患排查整改工作，各领域关键信息基础设施防护能力不断提升。信息安全等级保护深入推进，云计算、物联网、大数据等新兴重点领域的关键信息基础设施安全防护有序开展。

积极开展网络安全协调联动平台建设。建成国家层面的关键信息基础设施应急技术支持和协助机制，不断提升关键信息基础设施整体应急反应能力、安全保障能力和协调联动能力。其中，国家计算机网络应急技术处理协调中心[注17]作为我国网络安全应急体系的核心协调机构，按照"积极预防、及时发现、快速响应、力保恢复"的方针，开展互联网网络安全事件的预防、发现、预警和协调处置等工作，维护国家公共互联网安全，保障基础信息网络和重要信息系统的安全运行，开展以互联网金融为代表的"互联网+"融合产业的相关安全监测工作。该中心已形成以多种渠道发现网络攻击威胁和安全事件的能力，与国内外数百个机构和部门建立网络安全信息通报和事件处置协作机制，依托所掌握的丰富数据资源和信息实现对网络安全威胁和宏观态势的分析预警，在维护我国公共互联网环境安全、保障基础信息网络和网上重要信息系统安全运行、保护互联网用户上网安全、宣传网络安全防护意识和知识等方面发挥了重要作用。

大力开展网络安全专项整治工作。2017 年 6 月 27 日，中央网信办印发《国家网络安全事件应急预案》，用于建立健全国家网络安全事件应急工作机制，提高应对网络安全事件能力，预防和减少网络安全事件造成的损失和危害，保护公众利益，维护国家安全、公共安全和社会秩序。在预案中，网络安全事件被分为 4 级：特别重大网络安全事件、重大网络安全事件、较大网络安全事件、一般网络安全事件。与此同时，中央网信办、公安部等相关部门组织开展了大型互联网企业专项保卫、网站安全和互联网电子邮件安全专项整治等行动，发现和整改了一批网络安全深层次问题和隐患，维护了重大事件和活动的网络安全[74]。

（四）推动网络安全要素发展

近年来，我国大力发展网络安全技术和产业，着力提升网络安全人才队伍建设，网络安全产业规模快速提升，网络信息核心技术取得重大突破，网络安全基础要素得到充分发展。

在网络安全人才培养方面，教育部创新网络安全人才培养模式，"网络空间安全"于 2015 年被列为国家一级学科，网络安全学科建设取得重大进步。我国开设了与网络安全直接相关的 5 个本科专业，首批共有 29 所高校获得网络空间安全一级学科博士学位授予权。2016 年，《关于加强网络安全学科建设和人才培养的意见》发布，启动了一流网络安全学院建设示范项目，进一步加大了网络安全人才的培养力度。40 余所高校先后成立网络空间安全学院或网络空间安全研究院，西安电子科技大学、东南大学、武汉大学等 7 所院校成为首批"一流网络安全学院建设示范项目高校"。教育部高等学校信息安全专业教学指导委员会每年举行全国大学生网络安全竞赛，每年的参赛队伍约 500 支，参赛学生 5000 余人。

在网络安全技术方面，科技部、国家互联网信息办公室共同编制了专项研究计划，立足网络空间安全发展现状，围绕提高我国关键信息基础设施和数据安全的防护能力、支撑网络空间可信管理和数字资产保护、提升网络空间防护能力等目标，确立了若干重点研究方向。科技部、工业和信息化部等单位在"十三五"国家重点研发计划中优先启动了"网络空间安全重点专项"，投入国拨经费 13.84 亿元，系统部署了 47 项研究任务。另外，在"科技创新 2030——重大项目"中，也优先安排了一批网络空间安全重大研究项目，为提升我国信息监管、泄密窃密防范、网络防御等提供技术支持。通过实施一系列研究计划和专项，我国在网络安全核心技术方面实现一定突破，有力支撑了网络安全保障水平的提升。

在网络安全产业方面，我国网络安全产业发展迅速，产业规模呈现高速增长态势，近年来年复合增长率达到 20% 以上。我国网络安全产品和服务基本覆盖了安全防护生命周期各个阶段，重点领域安全技术优势逐渐显现。2017 年 1 月，中国互联网投资基金正式成立，基金规划总规模 1000 亿元，为网络安全产业发展注入新活力。北京、成都、武汉等重点城市不断加快网络安全产业布局，引导企业、科研、人才等资源集聚。北京市充分发挥资源优势，推动建设国家网络安全产业园区，计划到 2025 年依托产业园区建成国家安全战略支撑基地、国际领先的网络安全研发基地、网络安全高端产业集聚示范基地、网络安全领军人才培育基地和网络安全产业制度创新基地。成都市网络安全产业发展迅速，产业规模不断扩大，在全国居于前列。成都市提出，到 2022 年网络产业规模将超过 500 亿元。武汉市规划建设国内首个国家网络安全人才与创新基地，将建设国家网络安全学院、培训中心、展示中心、创新产业园区等，力争打造具有全球竞争力的国家网络安全高地。

（五）深化网络安全宣传教育

近年来，我国积极开展多种形式的网络安全宣传教育活动，普及网络安全相关知识，提升民众网络安全意识和网络安全技能，讲安全、懂安全的氛围逐渐形成。具体活动如下。

重点开展网络安全宣传周活动。 自 2014 年起，我国开展网络安全宣传周活动，围绕金融、电信、电子政务、电子商务等重点领域和行业网络安全问题，针对社会公众关注的热点问题，举办网络安全体验展等系列主题宣传活动，营造网络安全人人有责、人人参与的良好氛围。在宣传周期间，各地、各行业都同步开展系列活动。其中，首届国家网络安全宣传周于 2014 年 11 月 24 日启动，是我国第一次举办全国范围的网络安全主题宣传活动。据统计，2014 年首届国家网络安全宣传周直接参与人数超过 2000 万人，信息覆盖近 5 亿人。自 2016 年开始，网络安全宣传周明确于每年 9 月的第 3 周在全国各省（区、市）统一举行，目的是通过广泛开展网络安全宣传教育，增强全社会网络安全意识，提升广大网民的安全防护技能，营造健康文明的网络环境。

积极培育"中国好网民"。习近平总书记高度重视网络空间治理工作，强调要依法加强网络空间治理，加强网络内容建设，做强网上正面宣传，培育中国好网民。为深入贯彻落实习近平总书记关于"培育中国好网民"的重要指示精神，中央网信办于 2016 年 2 月 26 日全面启动"争做中国好网民"工程，分系统、分领域培育一批中国好网民，建立一批网络文明示范基地，创建一批"中国好网民"网络文化精品数据库，组织开展一批"中国好网民"网络文化活动，打造一批"中国好网民"品牌项目。工程启动以来，先后开展了"好网民正青春""中国好网民公益广告设计活动"等一系列主题活动，持续掀起争做中国好网民热潮，工程覆盖面和影响力不断扩大[75]。

为扩大工程的覆盖面和影响力，教育部、全国总工会、共青团中央、全国妇联、全国少工委等部门积极参与、协同推动，创造性开展了系列活动。教育部开展全国大学生网络文化节，引导广大师生积极参与网络文化产品创作生产，大力推进社会主义核心价值观传播与弘扬，建设好、守护好网络精神家园。全国总工会推进"网聚职工正能量 争做中国好网民"主题活动，推出一批体现时代精神、具有影响力和示范力的工会网络文化品牌项目，推动好网民活动落地生根。共青团中央从壮大好网民基础、培育好网民榜样、分享好网民故事、传播好网民理念、拓展好网民覆盖等 5 个方面推进工程发展，设置的"青年好声音"等网络话题活动阅读量达上亿次。全国妇联开展"争做巾帼好网民"主题活动，为建设天朗气清的网络空间贡献巾帼力量。2017 年 5 月 5 日，"争做巾帼好网民"主题活动启动仪式在线收看达 450 万人次，H5 专题承诺活动上线 1 天就有 10 万多人参与转发。

加大对青少年的宣传教育力度。共青团中央、中国少年先锋队全国工作委员会联合组织开展"青少年网络安全教育工程"，旨在通过一系列的网络安全课程教育和公益活动，推动校园法治网络建设，提升学校网络安全教育管理水平，培养广大青少年绿色上网、文明上网意识和良好习惯，保护广大师生信息和财产安全。"青少年网络安全教育工程"覆盖全国 31 个省（区、市），辐射人数超 4000 万人。

（六）推进网络空间国际治理

网络空间作为全人类共同的家园，对人类社会的生存与发展具有重要而深远的影响。推动全球网络空间的和平、稳定与发展，离不开世界各国的共同努力。我国作为互联网大国，应该在其中承担责任，发挥应有的作用。在构建网络空间命运共同体理念的指引下，我国积极参与网络空间国际合作，推进全球互联网治理体系变革。我国出台了有关网络空间国际合作的战略，推动国际合作深入开展。2017 年 3 月 1 日，我国发布了《网络空间国际合作战略》，全面阐释了我国进行国际网络空间合作的基本原则、战略目标和行动要点。《网络空间国际合作战略》围绕促进网络空间和平与稳定、构建以规则为基础的网络空间秩序、拓展网络空间伙伴关系、推进全球互联网治理体系改革、打击网络恐怖主义和网络犯罪、保护公民权益、推动数字经济发展、加强全球信息基础设施建设、促进网络文化交流等 9 个方面，提出了一系列行动计划。《网络空间国际合作战略》表明了我国致力于加强网络空间国际合作的坚定意愿，以及共同打造繁荣安全的网络空间的坚定信心和努力。

我国积极搭建国际合作交流平台，宣传中国理念。2014 年，首届世界互联网大会落户乌镇。几年来，世界互联网大会始终秉承"构建网络空间命运共同体"这一中国理念，不断传承、创新和发展，成为中国与世界互联互通的国际平台和国际互联网共享共治的中国平台。习近平主席提出的"四项原则"和"五点主张"，特别是网络主权、网络空间命运共同体等治网理念，日益成为国际社会广泛共识，大会的影响力与日俱增。世界互联网大会还先后发布多项成果，彰显中国方案对全球互联网发展趋势的深刻洞察。此外，2017 年 12 月 3 日，中国、老挝、沙特阿拉伯、塞尔维亚、泰国、土耳其、阿联酋等国家相关部门在第四届世界互联网大会上共同发起《"一带一路"数字经济国际合作倡议》，推动共建共享数字丝绸之路[76]。

我国积极参与双边和多边国际合作，推动全球互联网治理体系变革。我国深入参与联合国信息安全政府专家组、信息社会世界峰会等多边进程，不断推动上海合作组织、金砖国家、东盟地区论坛等网络安全进程。我国与上海合作组织成员国在 2015 年联合向联合国大会提交了《信息安全国际行为准则》，推动在联合国框架下制定各方普遍接受的网络空间行为规范，得到国际社会广泛理解与支持。在金砖国家框架下建立金砖国家网络安全问题工作组、金砖国家信息通信技术使用安全专家工作组等多个网络安全合作机制，形成共同应对网络安全威胁的制度化合作平台。此外，我国与多个国家或组织开展网络空间合作，先后与俄罗斯、英国、韩国、东盟等国家或组织进行了一系列的网络安全对话交流，达成了多项网络安全方面的对话与合作协议。

我国积极助力全球数字经济发展，推动中国互联网企业走出去。2016 年 9 月，我国作为二十国集团（G20）峰会的主席国，组织起草了《二十国集团数字经济发展与合作倡议》，明确提出了数字经济的定义：数字经济是指以使用数字化的知识和信息作为关键生产要素、以现代信息网络作为重要载体、以信息通信技术的有效使用作为效率提升和经济结构优化的重要推动力的一系列经济活动。这是 G20 峰会首次将数字经济纳入会议主题，对发挥数字经济潜力，推动数字经济创新发展具有重要意义。我国还积极推动亚太经济合作组织（Asia-Pacific Economic Cooperation，APEC）制定互联网经济合作路线图，在 2014 年北京会议上通过了《促进互联网经济合作倡议》，为全球数字经济发展注入强劲动力。与此同时，我国不断推动国内互联网企业走出国门，惠及世界。我国的一大批互联网工具、应用软件和电商逐渐走向国际市场，影响世界。支付宝的境外线下支付业务已覆盖超过 40 个国家和地区；跨平台传输工具茄子快传仅用两年时间就在全球积累了超过 10 亿用户 [77]。

展望未来，网络安全工作面临的挑战将日趋严峻，任务将日益繁重。各级党委、政府和广大党员干部要深入学习贯彻习近平总书记关于网络强国的重要思想，树立和贯彻正确的网络安全观，从思想上、认识上、行动上，将网络安全工作摆在更加突出和重要的位置，多措并举、多管齐下，不断提高网络安全保障能力，提升网络安全水平。

在工作中，要切实加大顶层统筹管理规划、部门之间协调联动力度，做到统一谋划、统一部署、统一推进。要加强网信部门统筹协调职责，形成网信、工信、公安等多部门协调工作机制，形成分工合理、覆盖全面的监督管理格局，形成统一的网络安全监督检查体系。要多方面、多领域协同发力，多角度、多层次地推动网络安全水平的不断提升。要大力推动信息化发展，加强信息基础设施建设，强化信息资源整合力度，大力发展数字经济，推动互联网与实体经济的深度融合。要下大气力实现核心技术突破，不断规范互联网企业发展，增强互联网企业的使命感、责任感，共同促进互联网持续健康发展。要加强网络安全人才培养力度，建设一支技术高超、素质过硬的网络安全人才队伍。

要切实提高网络安全技术能力，完善网络安全技术保障体系。要全天候全方位感知网络安全态势，全面加强网络安全检查，建立统一高效的网络安全风险报告机制、情报共享机制、研判处置机制，准确把握网络安全风险发生的规律、动向、趋势。要加快完善关键信息基础设施安全保障体系，夯实关键信息基础设施防护责任。重点针对金融、能源、电力、通信、交通等领域的关键信息基础设施，构建一体化的监测预警、风险识别和应急响应机制，实现快速威胁响应和联动防御。要增强网络安全防御能力和威慑能力，加快构建网络空间战略防御体系，大力发展网络空间非对称性武器，御敌于国门之外。

要坚持习近平总书记提出的推进全球互联网治理体系变革的"四项原则"和构建网络空间命运共同体的"五点主张"，积极推动构建网络空间命运共同体。要稳健平衡地规划并实施网络空间国际治理策略，加大网络空间国际治理公共产品的有效供给，有序推动全球网络空间治理体系的变革[78]。应以世界互联网大会为主舞台，多形式、多场合宣传中国的治理理念，引导国际社会更加全面深入地了解、理解和认同网络空间命运共同体的重大理论和实践意义。要积极参与国际互联网相关组织机构，深度参与互联网治理体系变革进程。鼓励企业、高校、科研机构等政府之外的行为体更多地参与网络空间的国际治理，携手构建网络空间命运共同体。

注　释

注 1：分组交换技术又称包交换技术，是将用户传送的数据划分成一定的长度，每个部分称为一个分组，通过传输分组的方式传输信息的一种技术。可以用人们在火车站售票窗口排队买票的例子对分组交换技术进行简单解释。分组交换就是把队伍分成两个人一组或多个人一组，每组可以根据各窗口排队情况自由选择买票窗口。分组交换技术可以满足绝大多数用户对信息传输的实时性要求。

注 2：TCP/IP 全称是 Transmission Control Protocol/Internet Protocol，即传输控制协议 / 互联网协议，是指一个由 FTP、SMTP、TCP、UDP、IP 等协议构成的协议族，因为 TCP、IP 在其中比较重要，所以以它们来命名。TCP/IP 为互联网如何进行通信制定了规则，例如如何探测到通信目标、由哪一边先发起通信、使用哪种语言进行通信、怎样结束通信等。

注 3：CNNIC，即中国互联网络信息中心，组建于 1997 年 6 月 3 日，是我国域名注册管理机构和域名根服务器运行机构，负责运行和管理国家顶级域名 .CN、中文域名系统。CNNIC 是亚太互联网信息中心的国家级 IP 地址注册机构成员，以 CNNIC 为召集单位的 IP 地址分配联盟负责为我国的网络服务提供商和网络用户提供 IP 地址和 AS 号码的分配管理服务。CNNIC 每年开展针对中国互联网络发展状况等的互联网统计调查工作。

注 4：数字签名。在传统通信中，人们使用笔在纸上签名，在计算机网络系统中，则用数学算法来签名。数字签名以数学算法或其他运算方式进行加密，它是只有信息的发送者才能生成的一段数字串，别人无法伪造。经过数字签名的文件的完整性很容易验证，且数字签名具有不可抵赖性。

注 5：时间戳通常是一个字符序列，唯一标识某一刻的时间。

注 6：私钥和公钥。在非对称加密技术中，有两种密钥，分为私钥和公钥。私钥是所有者持有的密钥，不可公布；公钥是持有者公布给他人的密钥。公钥和私钥是成对的，它们互相解密。公钥用来给数据加密，用公钥加密的数据只能使用私钥解密。私钥可以用来进行数字签名，公钥可以对数字签名进行验证。

注 7：僵尸网络指攻击者通过采用一种或多种传播手段，使用恶意程序攻击并控制多台计算机，从而在控制者和被感染主机之间所形成的一个可一对多的控制网络。僵尸网络可被用于发送垃圾邮件、进行分布式拒绝服务攻击等。

注 8：木马病毒，其命名来源于古希腊传说《荷马史诗》中木马计的故事，这种病毒一般通过特定伪装攻破一台计算机的防御系统，从而达到控制这台计算机的目的，通常分为控制端可执行程序和被控制端可执行程序。与一般的计算机病毒不同，木马病毒不会自我繁殖，也不会刻意感染其他文件。

注9：蠕虫病毒是一种可以自我复制的代码，无须人为干预就能传播，通过入侵和控制计算机并把其当作宿主，进而寻找并感染其他计算机。

注10：后门程序指绕过安全性控制，通过隐秘或特殊通道获取对程序或系统的访问权的方法，包括软件开发者为修改程序创建的程序。

注11：流量劫持指利用恶意软件修改浏览器、锁定主页或不停弹出新窗口，强制网络用户访问某些网站，从而造成用户流量被迫流向特定网页的情形。

注12：撞库攻击指利用已经泄露的用户账号和密码信息，尝试批量登录其他网站或应用程序。

注13：国家计算机网络应急技术处理协调中心（简称国家互联网应急中心，CNCERT 或 CNCERT/CC），成立于2001年8月，为非政府、非营利的网络安全技术中心，是我国计算机网络应急处理体系中的牵头单位。作为国家级应急中心，CNCERT 的主要职责是按照"积极预防、及时发现、快速响应、力保恢复"的方针，开展互联网网络安全事件的预防、发现、预警和协调处置等工作，维护公共互联网安全，保障关键信息基础设施的安全运行。

注14：国家信息安全漏洞共享平台是CNCERT联合国内重要信息系统单位、基础电信运营商、网络安全厂商、软件厂商和互联网企业建立的国家网络安全漏洞库。它的主要目标是与国家政府部门、重要信息系统用户、运营商、主要安全厂商、软件厂商、科研机构、公共互联网用户等共同建立软件安全漏洞统一收集验证、预警发布及应急处置体系，切实提升我国在安全漏洞方面的整体研究水平和及时预防能力，进而提高我国信息系统及国产软件的安全性，带动国内相关安全产品的发展。

注15：零日漏洞又叫零时差漏洞，通常是指被发现后还没有补丁的安全漏洞。零日攻击或零时差攻击则是指利用这种漏洞进行攻击的行为。

注16："隐私盾"协议：欧盟和美国于2016年发布生效的协议，旨在保护被传输到美国用于商业用途的欧盟的个人数据。根据该协议，用于商业目的的个人数据从欧洲传输到美国后，将享受与在欧盟境内同样的数据保护标准。美国政府部门承诺将严格履行协定中的要求，保证国家安全部门不会对这些个人数据采取任意监控或大规模监控措施。美国企业可向美国商务部申请加入"隐私盾"框架，即承诺遵守"隐私盾"规定的高水平数据保护标准。获得批准的企业可以按照欧盟数据保护要求获得来自欧盟的个人数据。欧盟企业可以随时查询"隐私盾"清单，以确认接收数据的美方合作企业是否获得了"隐私盾"批准。

参考文献

[1] 万振凯. 计算机网络实用技术教程[M] . 北京:清华大学出版社,
2010.

[2] 中国邮箱网. 详细解读中国发出的第一封电子邮件历史[EB/OL] .
(2013-05-28)[2020-05-13] .

[3] 搜狐网. 中国互联网史上的9大"第一个",看看你知道哪些
[EB/OL] . (2016-10-10)[2019-06-13] .

[4] 《电子政务基础》编委会. 电子政务基础[M] . 北京:中国劳动
社会保障出版社,2003.

[5] 中华人民共和国公安部. 中华人民共和国计算机信息系统安全
保护条例（国务院令第147号）[A/OL] . (1994-02-18)[2019-06-13] .

[6] 中国网信网. 中华人民共和国网络安全法[EB/OL] . (2016-11-07)
[2019-07-18] .

[7] 李飞, 陈艾东, 王敏. 信息安全理论与技术[M] . 西安:西安电子科
技大学出版社 , 2010.

[8] 姚华. 网络技术基础教程[M] . 北京:北京理工大学出版社,2007.

[9] 邵泽云,曹建英. 数字签名技术在电子商务中的应用研究[J] . 农
业网络信息, 2014, (3):83-85.

[10] 杨义先. 网络信息安全与保密(修订版)[M] . 北京:北京邮电大
学出版社,2001.

[11] 人民网. 1998年7月13日 我国首例电脑黑客事件发生[EB/OL]．(2003-08-01)[2019-07-23]．

[12] 搜狐网. 2018全球经济犯罪调查报告[R/OL]．(2018-07-27)[2019-08-06]．

[13] 杨立钒, 杨坚争. 电子商务概论[M]．上海:立信会计出版社, 2014.

[14] 王成, 牛奕龙. 信息对抗理论与技术[M]．西安:西北工业大学出版社, 2011.

[15] 人民网. 网络亚文化不该传递负能量[EB/OL]．(2019-10-18)[2019-11-10]．

[16] 环球网. 央视曝短视频平台现大量未成年怀孕视频 快手凌晨回应[EB/OL]．(2018-04-01)[2019-11-12]．

[17] 谷度华. 群体性事件中网络谣言的治理研究[D]．南宁:广西大学, 2014.

[18] 方滨兴, 殷丽华. 关于信息安全定义的研究[J]．信息网络安全，2008, (9):8-10.

[19] 徐云峰, 郭正彪. 物理安全[M]．武汉:武汉大学出版社, 2010.

[20] 周春来. 简述数据中心机房优化设计[J]．世界家苑, 2011, (6):201-202.

[21] 刘轩. 网络计算机房的建设与管理[J]．现代企业文化，2009, (3):228-229.

[22] 搜狐网. 计算机电磁泄露的那些事儿[EB/OL]．(2018-10-18)[2019-11-25]．

[23] 封楷. 电磁辐射的信息安全探讨[J]．科技信息（学术版），2008, (17):205-207.

[24] 杨坚争. 计算机与网络法[M]. 上海:华东理工大学出版社, 2001.

[25] 廖兴. 网络安全技术[M]. 西安:西安电子科技大学出版社, 2007.

[26] 腾讯安全云鼎实验室. 2018上半年互联网DDoS攻击趋势分析 [EB/OL]. (2018-06-12)[2019-11-25].

[27] 中华人民共和国公安部. 徐玉玉被电信诈骗致死案七名犯罪嫌 疑人被批捕[EB/OL]. (2016-10-01)[2019-11-25].

[28] 国家互联网应急中心. 2005年上半年CNCERT/CC网络安全工 作报告[R/OL]. (2006-12-06)[2019-11-25].

[29] 王其良, 高敬瑜. 计算机网络安全技术[M]. 北京:北京大学出版 社, 2006.

[30] 国家互联网应急中心. 2019年我国互联网网络安全态势综述 [R/OL].(2020-04-20)[2020-05-13].

[31] 中网公司. 内容安全及解决方案[J]. 计算机安全, 2003, (06):13- 15.

[32] 吕枚芹. 浅谈云计算及其应用[J]. 电脑知识与技术, 2014, (36):8622-8623.

[33] 法制网. 云平台大规模数据泄露安全事件频发 用户数据所 有权与控制权分离成云服务最大风险[EB/OL]. (2016-12-14) [2019-11-27].

[34] 搜狐网. 欧洲市场DDoS攻击研究报告[EB/OL]. (2017-02-24) [2019-11-27].

[35] 魏伟. 云计算及云存储的技术应用[J]. 科技创新与应用, 2013, (13):65.

[36] 周梅. 大数据科学综述[J]. 科技创新导报, 2017, (36):139-144.

[37] 中国互联网络信息中心. 第45次《中国互联网络发展状况统计报告》[R/OL]. (2020-04-28)[2020-05-08].

[38] 谢昌荣, 曾宝国. 物联网技术概论[M]. 重庆:重庆大学出版社, 2013.

[39] IDC. 全球物联网半年度支出指南[R/OL]. (2019-06-14)[2019-11-28].

[40] iThome. 智慧城市牢不可破? IBM揭露智慧城市系统的17个安全漏洞[EB/OL]. (2018-08-10)[2019-11-28].

[41] 人民网. 人工智能推动新闻造假 未来还能看到真实的世界吗[EB/OL]. (2018-02-01)[2019-11-29].

[42] 龙其明, 刘丹. 区块链技术在电力行业应用的探讨[J]. 数码设计, 2018, (5):183-184.

[43] 蒋润祥, 魏长江. 区块链的应用进展与价值探讨[J]. 甘肃金融, 2016, (2):19-21.

[44] 中华人民共和国工业和信息化部. 2019年通信业统计公报. [R/OL]. (2020-02-27)[2020-03-23].

[45] 罗华. 移动互联网蓝皮书:中国移动互联网发展报告(2019)[M]. 北京:社会科学文献出版社, 2019.

[46] 陆峰. 补齐物联网发展短板 夯实数字中国建设基石[N]. 中国计算机报, 2018-08-13(12).

[47] 上海赛博网络安全产业创新研究院. 全球网络安全产业变革与我国网络安全产业创新[J]. 信息安全与通信保密, 2018, (7):13-19.

[48] 中国信息安全测评中心. 中国信息安全从业人员现状调研报

告（2018-2019年度）[R/OL] . (2019-09-06)[2019-11-13] .

[49] 360互联网安全中心. 2018网络安全人才市场状况研究报告[R/OL] . (2018-08-20)[2019-03-23] .

[50] 肖新光. 大战略基石——美国信息安全产业格局的解析[J] . 中国信息安全, 2014, (4):41-49.

[51] 申正勇. 网络舆论的正负能量辨析[J] . 网络传播, 2018, (1):62-63.

[52] 卢泽华. 信息"裸奔"该管控（网上中国）[N/OL] . 人民日报(海外版), 2018-03-28(8).

[53] 新华网. 新华视点："内鬼"是泄露主要渠道 "鲜活信息"单条能卖数十元——谁在倒卖我们的个人信息？[EB/OL] . (2017-12-06)[2019-04-12] .

[54] 程琳. 切实保障国家数据安全[N] . 光明日报, 2018-07-10(2).

[55] 光明网. 大数据安全的挑战和对策[EB/OL] . (2018-04-13)[2019-05-13] .

[56] 石静霞, 张舵. 积极参与制定跨境数据流动规则（新知新觉）[N] . 人民日报, 2018-06-05(7).

[57] 洪延青. 数据出境安全评估:保护我国基础性战略资源的重要一环[J] . 中国信息安全, 2017, (6):73-76.

[58] 新华网. 研究显示假新闻传播速度更快 是真实新闻的6倍[EB/OL] . (2018-03-11)[2019-04-14] .

[59] 万颖颖. 跨境网络犯罪的治理对策分析[J] . 黑龙江省政法管理干部学院学报, 2016, (3):34-37.

[60] 于世梁. 警惕网络军备竞赛维护网络空间安全——由勒索病毒WannaCry肆虐引发的思考[J] . 湖北行政学院学报, 2017,

(4):49-53.

[61] 宋文龙. 欧盟网络安全治理研究[D]. 北京:外交学院, 2017.

[62] 华屹智库. 英国国家网络安全战略发展及实施情况[J]. 网信军民融合, 2018, (8):62-67.

[63] 汪炜. 新加坡网络安全战略解析[J]. 汕头大学学报（人文社会科学版）, 2017, (3):103-111.

[64] 王光厚, 王媛. 澳大利亚网络安全战略论析[J]. 中国与世界, 2016, (00):169-179.

[65] 新华网. 专家:多国力推网络安全立法　美颁4部法保护关键基础设施[EB/OL]. (2018-7-22)[2019-07-13].

[66] 刘京娟. 美、日、韩关键信息基础设施保护立法研究[J]. 保密科学技术, 2016, (7):16-20.

[67] 凌晨, 梁露露, 杨天识. 美国国土安全部网络安全组织和职能[J]. 信息安全与通信保密, 2018, (7):61-68.

[68] 国别贸易投资环境信息. 欧盟网络安全立法在即[EB/OL]. (2017-11-21)[2019-11-02].

[69] 杨国辉, 向继志. 世界各国信息安全建设大扫描（上）[J]. 中国信息安全, 2010, (3):16-25.

[70] 王星. 美国网络安全人才政策综述[J]. 信息安全与通信保密, 2018, (8):69-76.

[71] 武晓婷. 日本频繁强化网络部队或不仅为东京奥运安保[J]. 信息安全与通信保密, 2016, (5):72-73.

[72] 王星. 澳大利亚网络安全人才队伍建设机制研究[J]. 中国信息安全, 2017, (12):83-85.

[73] 51CTO博客. 重新审视美国爱因斯坦计划（2016）——三谈美

国爱因斯坦计划[EB/OL] . (2016-05-13)[2020-01-15] .

[74] 人大新闻网. 全国人民代表大会常务委员会执法检查组关于检查《中华人民共和国网络安全法》、《全国人民代表大会常务委员会关于加强网络信息保护的决定》实施情况的报告[EB/OL] . (2017-12-24)[2019-08-10] .

[75] 刘沁娟. 增强六个意识 做新时代中国好网民[J] . 网络传播杂志, 2018, (2):36-37.

[76] 中国网信网. 【世界互联网大会非凡五年】共享共治中国方案引领全球互联网治理体系变革 [EB/OL] . (2018-11-01)[2019-09-13] .

[77] 网信天津. 「牢记嘱托 天津实践」商务部国际贸易经济合作研究院 "一带一路" 所所长祁欣：加快推进互联网企业 "走出去" 有效支撑天津数字经济发展[EB/OL] . (2019-06-19)[2019-08-26] .

[78] 惠志斌. 网络空间国际治理形势与中国策略——基于2017年上半年标志性事件的分析[J] . 信息安全与通信保密, 2017,(10): 42-50.

后　记

网络安全对于一个国家的重要性，在网络诞生之初，也许并没有多少人能预料到。随着网络的发展、技术的进步，人类社会步入了网络社会，网络已经发展成为一个国家经济社会运行的基础性设施，网络安全亦成为牵一发而动全身的关键所在。可以说，在当今时代，网络安全的重要性怎么强调都不为过。

2018 年，在全国网络安全和信息化工作会议上，习近平总书记从全局和战略的高度出发，提出党员领导干部要不断提高对网络安全的保障能力。这是从确保我们国家长治久安、确保我党长期处于执政地位的高度提出的时代要求、历史要求。各级党员干部要深刻地认识和理解这一要求的紧迫性和重要性，更加自觉、更加主动地提高网络安全保障能力。

如何提高网络安全保障能力呢？网络安全涉及方方面面，提升网络安全保障能力也是头绪众多、纷繁复杂。可以说，提高网络安全保障能力是一个系统性、全局性的工程。本书在写作的过程中，立足于国内和国外、理论和实践等不同层面，着眼于网络安全的技术、人才、产业、政策等多个角度，力求呈现网络安全这一领域的全貌，为广大党员干部提供真正有价值的"干货"。

同时，我们也深知：对于网络而言，我们的未知要远远大于已知；对于网络安全而言，同样是未知远远大于已知。网络的发展日新月异，网络安全的内涵和范畴不断扩大延伸，网络安全带来的挑战日益复杂。可以说，提高网络安全保障能力将是一场永不停歇的"赶考"。我们也将不断深化拓展对网络安全理论和实践的研究，为提高网络安全保障能力贡献自己的微薄之力。